Guide to New York City Contemporary Architecture

NEW YORK CITY 현대 건축 가이드북

엄상권 사진 · 저

문운당

INTRODUCTION

80년대 중반 미국에서의 건축대학원 재학시절부터 건축여행을 좋아했던 저자는 지금까지도 여행을 할 때마다 항상 다양한 건축물과 유명작가의 작품들을 카메라에 담아오고 있다. 새로운 장소나 도시를 방문하기 전 미리 답사자료를 정리하는 것도 사실 많은 시간과 열정이 필요한데, 그럴 때마다 건축여행을 위한 정리된 책이 있었으면 하는 아쉬움이 항상 있어왔다. 매년 제자들에게 새롭고 다양한 정보를 전달해 주고 싶은 마음에 꾸준히 촬영하고 소장해오던 자료들을 이번 기회에 건축을 사랑하고 건축가를 꿈꾸는 학생들이나 전문가들에게 미약하나마 공유하고 싶어졌다.

개인적인 일로 자주 찾는 뉴욕시티는 세계에서도 가장 유명한 도시이자 항상 변모하는 초대형 도시이다. 저자는 건축 교육자로서 또한 건축가로서 이 뉴욕시티를 방문 할 때마다 항상 새롭게 변하는 모습에 놀라움과 기대감속에 도시를 방황하곤 한다. 자주 들리는 곳이기에 익숙하기도 한 도시이지만 구석구석 새로운 공사가 끊임없이 진행되고 또 신축 건물들이 새로운 모습으로 빈곳 채우기를 반복한다. 방문할 때마다 제자들에게 보여줄 자료를 수집하느라 열정적으로 골목골목을 거닐다 보면 다시 학창시절로 돌아가는 느낌이다. 하루 평균 약 2만보 이상을 걸으며 촬영했던 수많은 건축물과 거리풍경의 기록이 사진에 고스란히 남아있고, 힘들기도 했지만 다니며 흘린 땀들이 새삼 뿌듯하기도 하다. 이렇게 수년간 뉴욕의 구석구석을 지하철과 도보로 다니면서 (때론 승용차도 이용은 했지만) 수집한 자료들을 정리하여 뉴욕시티의 현대건축에 대한 가이드북을 만들게 된 것이다. 뉴욕시티에 대한 역사적 건축관련 서적은 많으나 2000년 이후 완공된 현대건축을 정리한 책은 그리 많지 않다. 저자가 찍은 사진을 토대로 몇 권의 뉴욕 관광가이드북과 건축서적을 참고하여 뉴욕시티의 현대건축물을 지역별로 총 정리해 보았다. 코비드 19사태로 주춤했던 여행이 다시 활성화되기 시작하여 많은 관광객 특히 건축관련 학생이나 전문가들이 뉴욕시티를 방문할 것이다. 이에 그들이 최근 완공된 현대건축물을 쉽게 접할 수 있도록 맨해튼을 중심으로 한 뉴욕시티의 아이콘적인 건축물 215개소를 선별, 정리하여 간단한 가이드 핸드북을 제공한 것이다.

이 책이 도시와 건축을 사랑하는 여행자들에게 좋은 길잡이와 안내책자가 되어 쉽게 건축물을 감상할 수 있는 기초자료가 되었으면 하는 마음이다. 이 가이드북과 함께 좋은 건축여행이 되시길 바라면서...

엄상권

BARCLAYS

CONTENTS

MANHATTAN

1. Southern Area

001	Pier 17
002	Pier 15, East River Waterfront Esplanade
003	The Elevated Acre
004	New Amsterdam Pavilion
005	The Visionaire
006	Zuccotti Park
007	Liberty Park
008	4 World Trade Center
009	3 World Trade Center
010	Oculus (World Trade Center Transportation Hub)
011	National 9.11 Memorial Museum
012	National 9.11 Memorial
013	One World Trade Center
014	7 World Trade Center
015	Pavilion at Brookfield Place
016	Arcade Canopy
017	Irish Hunger Memorial
018	Teardrop Park
019	111 Murry Street
020	56 Leonard Street
021	African Burial Ground National Monument
022	New York by Gehry (Beekman Tower)
023	Fulton Center

MAP 1

N
W
E
S
Canal St
카날 스트리트 스테이션
Canal Street
웨스트 스트리트
레이트 스트리트
노스 무어 스트리트
프랭클린 스트리트 스테이션
Franklin Street
카날 스트리트
Canal St
챔버스 스트리트
Chambers St
Chambers St
머리 스트리트
파크 플레이스 스테이션
Park Place
시티 홀
City Hall
Chambers St
브루클린 브리지 시티 홀
Brooklyn Bridge - City Hall
Park Row
노스 코브 요트 항
North Cove Yacht Harbor
PATH 세계무역센터 역
World Trade Center
WTC 코트랜드
WTC Cortlandt
월드 트레이드 센터 (세계 무역 센터)
World Trade Center
코트랜드 스트리트
Cortlandt St
풀턴 스트리트 서브웨이 스테이션
Fulton Street Subway
풀턴 스트리트
Fulton St
브루클린 브리지 대로
렉터 세인트
Rector St
Rector St
월 스트리트 스테이션
Wall Street
브로드 스트리트
Broad St
월 스트리트 스테이션
Wall Street / William Street
Water St
Fulton St
퍼 드라이브
비버 스트리트
볼링 그린 서브웨이 스테이션
Bowling Green
브리지 스트리트
펄 스트리트
더 배터리
The Battery
Water St
사우스 스트리트 비아덕
사우스 페리
South Ferry
와이트홀 스트리트 지하철역
Whitehall St
001
002
003
004
005
006
007
008
009
010
011
012
013
014
015
016
017
018
019
020
021
022
023

001 Pier 17

건 축 가: Shop Architects

위 치: 89 South Street

준공연도: 2018

특 징: '벤자민 톰슨' 설계. 2개의 실내 아트리움과 야외발코니를 지닌 부두쇼핑몰. 철골조로 하부 2층은 금속과 목재를 사용한 상점과 식당으로 구성되며 반투명 유리와 수직창문 리듬의 파사드가 특징. 상부 대형옥상공원(독일건축가 아킴 멩게스 디자인) 및 야외공연장(면적 5,575㎡)이 경량캐노피로 구성.

002 Pier 15, East River Waterfront Esplanade

건 축 가: Shop Architects & Ken Smith Workshop
위 치: 78 South Street
준공연도: 2011
특 징: 양끝 2개의 유리상자가 캔틸레버 구조의 지붕데크를 지탱하며 구성된 부두. 왼쪽 경사램프나 우측 계단을 통해 배모양의 옥상갑판 휴게공간에 올라 전망 가능. 빨간색 천정의 캐노피 위 뱃머리 모습 부분의 벤치와 트인 공간.

003 The Elevated Acre

건 축 가: Rogers Marvel Architects & Ken Smith Workshop
위 치: 55 Water Street
준공연도: 2005
특 징: 지상 12m의 옥상위로 보행자를 유도할 수 있는 강력한 디자인을 요구한 1에이커 공간디자인 공모전 당선작(조경디자인: 켄 스미스). 3가지 영역의 공원 구성(숲 사이 산책로와 벤치들이 있는 소형 동산, 옥외 행사를 위한 인조 잔디 광장과 계단식스탠드, 산책로 끝의 유리비콘 전망대). 야간조명 특징

004 New Amsterdam Pavilion

건 축 가: Ben van Berkel and Caroline Bos of UNStudio with Handel Architects

위　　치: Peter Minuit Plaza on State Street, Financial District

준공연도: 2009

특　　징: 네덜란드 정부가 기부한 파빌리온. 4개 프로펠러 날개 모양의 키오스크로 높이 3.2m, 면적 37㎡의 소형 상점건축물. 철골구조에 폴리우레탄 합판구성

005 The Visionaire

건 축 가: Pelli clarke Pelli Architects

위 치: 70 Little West Street, at 3rd Place

준공연도: 2009

특 징: 상부의 기하학적 탑형태가 특징인 33층 콘도타워, 테라코타 레인스크린의 외장재료와 에너지효율 높인 유리사용으로 LEED 플래티넘 인증건축물.

006 Zuccotti Park

건 축 가: Copper, Robertson & Partners
위 치: Broadway and Liberty Street
준공연도: 2006
특 징: WTC와 주변 금융지구를 잇는 공원으로 대각선 패턴 강조 (화강석벤치/ 돌 바닥/ 나무). 21m높이의 빨간색 철재 조형물과 파이버유리의 바닥조명 특징.

007 Liberty Park

건 축 가: AECOM

위 치: 155 Cedar Street

준공연도: 2016

특 징: 조경가 '조셉 브라운'설계의 공원 (콘크리트 화단, 벽돌 산책로, 나무 벤치) 3요소인 '프리츠 쾨니히'의 구형 조형물, '도우베 블럼버그'의 기념비, 무화과 조각상이 특징. 지상 7.6m 높이위에 조성된 공원으로 102m 길이로 구성.

008 4 World Trade Center

건 축 가: Maki and Associates
위 치: 150 Greenwich Street
준공연도: 2013
특 징: 총 72층 (3층의 사다리꼴 기단부 , 54층까지 평행사변형의 평면형태). 타워 상부의 서쪽 면은 추모비를 향해 서있고, 은색 커튼월은 주위 모습을 담으며 동시에 타워의 그림자를 9.11 추모광장에 비추는 개념으로 계획.

009 3 World Trade Center

건 축 가: Rogers Stirk Harbour+Partners
위 치: 175 Greenwich Street
준공연도: 2018
특 징: 80층(328m)의 타워. 하부 기단은 사다리꼴, 중간부 기준층은 정사각형의 평면형태구성. 커튼월로 모서리에 K자 모양의 철골 브레이싱 구조가 내재됨.

010 Oculus (World Trade Center Transportation Hub)

건 축 가: Santiago Calatrava
위 치: 180 Greenwich Street
준공연도: 2016
특 징: 월드 트레이드센터(WTC)지역의 교통허브인 'PATH' 역사 (40억 달러 공사비의 뉴욕-뉴저지 연결지하철) 새의 형태로 건축된 랜드마크로 100m길이의 천창,16층 높이의 늑골형 철골구조로 구성. 타원형 평면의 양쪽 2개 층은 고급 상점가로 조성되고, WTC 1 및 4 빌딩까지 상가들이 지하로 확장 연결됨.

011 National 9.11 Memorial Museum

건 축 가: Snohetta & Davis Brody Bond

위 치: 180 Greenwich Street

준공연도: 2011

특 징: 9.11 테러에 대한 역사와 유물을 전시하는 공간으로 지상관은 '스노헤타', 지하 갤러리는 '데이비드 브로디 본드'의 디자인. 무너진 쌍둥이빌딩의 16m높이의 녹슨 철골잔해가 유리벽 내부 코너에 구조물로서 재구성되어 표출.

012 National 9.11 Memorial

건 축 가: Michael Arad of Handel Architects

위　　치: 180 Greenwich Street

준공연도: 2011

특　　징: 국제 설계공모전 수상작, 무너진 쌍둥이 빌딩 위치에 연못 형태의 계단식 폭포를 구성(깊이 9m). 분당 5만 갤런의 물이 폭포를 위해 순환되며 테두리 검정 대리석에 희생자들의 이름을 새겨 추모비 역할. 조경가 '피터워커'의 디자인으로 조성된 주변은 화강석 바닥재와 나무숲 및 벤치로 구성.

013 One World Trade Center

건 축 가: SOM (Skidmore, Owings & Merrill)

위 치: 285 fulton street

준공연도: 2015

특 징: 94층(541m)타워. 4,000개 이상의 수직 지느러미 형태의 유리로 구성된 56.7m 높이의 기단 위 18.5㎡크기의 평면을 45도 회전시켜 각각 고유의 팔각형 바닥판을 형성. 기준층 유리커튼월은 서로 맞물린 8개의 삼각형 조합.

014 7 World Trade Center

건 축 가: David Childs of SOM and James Carpenter
위　　치: 250 Greenwich Street
준공연도: 2006
특　　징: 서쪽 추모공원을 향한 평행사변형의 평면구성. 전면광장은 조경가 '캔 스미스'가 디자인한 삼각형공원과 '제프쿤스'의 빨간색 조형물로 배치. 로비까지 연결되는 예술적인 LED로 구성된 고 투명도의 케이블망 유리벽은 내풍성을 고려한 디자인으로 자연환경과 기술의 접목결과.

015 Pavilion at Brookfield Place

건 축 가: Pelli Clarke Pelli Architects

위　　치: 230 Vesey street

준공연도: 2013

특　　징: 높이 16.5m 2개의 나무형태 기둥으로 형성 (15cm굵기의 강철튜브 조합) 1 WTC와 오클러스 건물의 지하로 연결되며 윈터 가든(36.6m 높이에 캘리포니아에서 온 16그루의 야자나무 광장)과 배터리파크로 유도하는 입구역할.

016 Arcade Canopy

건 축 가: Preston Scott Cohen

위 치: North End Way

준공연도: 2010

특 징: 도로사이 양쪽 건물을 관통하는 1,021㎡의 통로를 각이 접힌 유리캐노피의 조형적 요소로 처리 (보행자 공간유도, 비바람 보호역할). 쌍곡선의 포물선에 따라 조성된 세 개의 삼각형 평면으로 형성됨.('테토닉 서페이스'라 일컬음)

017 Irish Hunger Memorial

건 축 가: 1100 Architect, Brian Tolle & Gail Wittwer

위 치: Vesey Street and North End Avenue

준공연도: 2002

특 징: 아일랜드 이주민을 위한 기념공원. 0.1ha 면적 위에 아일랜드의 토착식물들을 유입하여 조경하고 산책로를 겸비한 인공 섬과 같은 구조물의 오두막을 조성. 7.6m높이의 콘크리트 캔틸레버 구조물에 석회암으로 마감한 하부는 백라이트 글라스의 치장 벽띠로 구성하여 진입로와 함께 시각적 이미지 부여함.

018 Teardrop Park

건 축 가: Michael Van Valkenburgh Associates

위 치: Warren Street

준공연도: 2010

특 징: 배터리파크 시티에서 가장 창의적이고 다양한 경관디자인 중 하나. 대단지 아파트 내 어린이 놀이공원, 산책로 및 휴게 공간 등 단지 내 조경시설로서 자연의 요소를 잘 도입하여 도심 속 공원을 구성한 사례. 1.8에이커 면적에 8.2m 높이, 길이 51m의 벽에 돌을 쌓아올리는 등 고저차를 잘 활용함.

019 111 Murry Street

건 축 가: KPF

위　　치: 111 Murry Street, TriBeCa

준공연도: 2018

특　　징: 59층(높이 241m)의 유리커튼월 타워. 전체적으로 유리관 모습의 입면 구성으로 곡면모서리, 비대칭적인 경사를 지닌 곡률 및 40층에서 시작하는 완만한 외부오프닝 등으로 인해 실제보다 더 높게 보이는 현상.

020 56 Leonard Street

건 축 가: Herzog & Meuron

위 치: 56 Neonard Street, TriBeCa

준공연도: 2017

특 징: 57층(높이 250m) 145세대의 콘도미니엄, 프리츠커 수상자들의 작품. 불경기 등의 어려움으로 10여년 만에 준공됨. 비대칭 캔틸레버들의 엇갈린 발코니 디자인은 극적이며 역동적 효과. 주변 저층건축물들 때문에 더욱 돋보임.

021 African Burial Ground National Monument

건 축 가: Rodney Leon Architects with AARRIS Architects

위 치: Duane and Elk Street

준공연도: 2007

특 징: '돌아오지 않는 문' 이라 칭함. 과거 매장되었던 1.5~2만 명의 아프리카 자유노예들을 추모하는 기념관. 지도상에서 대서양을 건너 아프리카 쪽을 향해 동쪽으로 이동하는 컨셉을 바탕으로 전체적인 관람 동선을 유도한 디자인.

022 New York by Gehry (Beekman Tower)

건 축 가: Frank Gehry

위 치: 8 Spruce Street, Civic Center near City Hall

준공연도: 2011

특 징: '프랭크 게리'의 첫 고층빌딩 디자인으로 76층의 주상복합 건물. 디지털 3d 모델링작업을 시도하며 새로운 설계 방법을 개척한 프로젝트. 그의 다른 작품에서의 시도만큼 야심작은 아니지만 고층빌딩에서 '게리'의 디자인을 엿봄.

023 Fulton Center

건 축 가: Grimshaw Architectsand James Carpenter

위　　치: 200 Broadway, Financial District

준공연도: 2014

특　　징: 14억 달러 공사비의 복합역사. (교통허브로 10개 지하철노선의연결 및 새로운 지하통로, 지하상가 조성) 외부 돔 모양의 랜드마크 적 요소와 내부 원형 아트리움을 통한 채광유입 및 그 사이로 관통되는 에스컬레이터 구성이 특징. 빛의 유입 각도를 위해 상부 반사판이 남동쪽으로 경사지게 디자인.

MANHATTAN

2. Lower Manhattan

024	51 Astor Place
025	Astor Place
026	Cooper Union Academic Building
027	The Standard, East Village
028	347 Bowery
029	48 Bond Street
030	40 Bond Street
031	22 Bond Street
032	25 Bond Street
033	290 Mulberry
034	Scholastic Building
035	One Kenmare Square
036	The Nolitan
037	New Museum of Contemporary Art
038	Sperone Westwater Gallery
039	215 Chrystie Street
040	115 Norfolk Residences
041	Switch Building
042	Blue Condominium

MAP 2

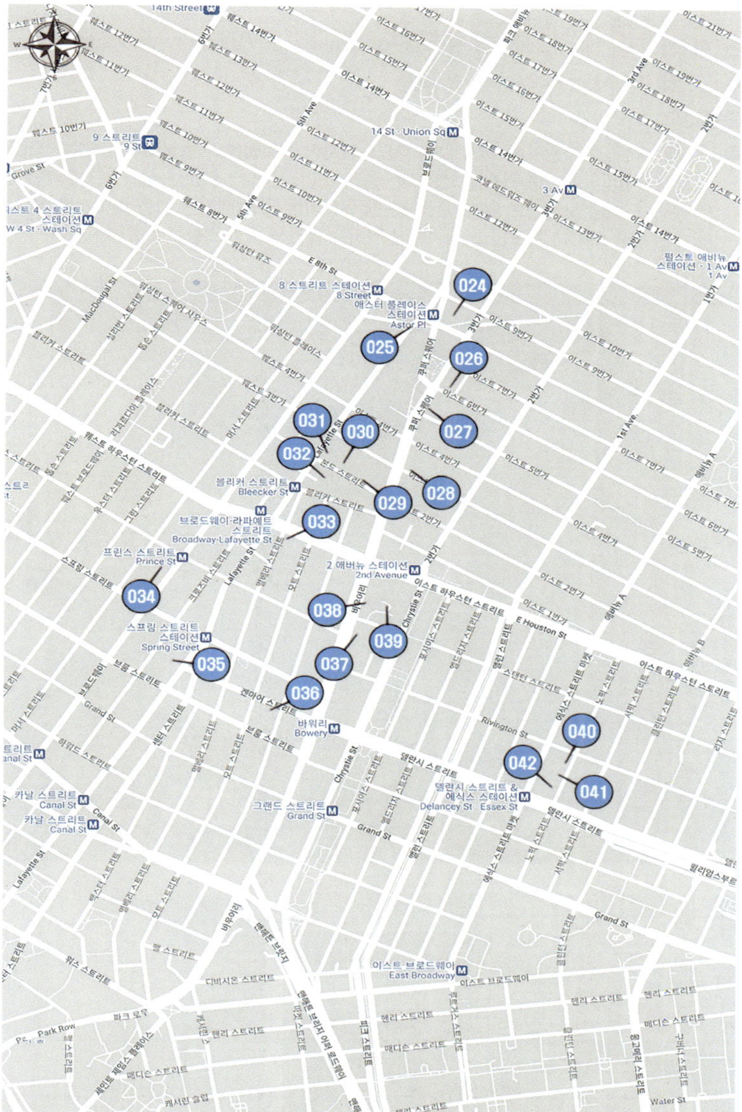
14th Street
웨스트 14번가
웨스트 13번가
웨스트 12번가
웨스트 11번가
웨스트 10번가
웨스트 9번가
웨스트 8번가
6번가
5th Ave
이스트 16번가
이스트 15번가
이스트 14번가
이스트 12번가
이스트 11번가
이스트 10번가
이스트 9번가
14 St - Union Sq
브로드웨이
3 Av
3rd Ave
2번가
1번가
퍼스트 애비뉴 스테이션 - 1 Av
1 Av
9 스트리트
9 St
Grove St
웨스트 4 스트리트 스테이션
W 4 St - Wash Sq
워싱턴 뮤즈
E 8th St
8 스트리트 스테이션
8 Street
애스터 플레이스 스테이션
Astor Pl
MacDougal St
워싱턴 스퀘어 사우스
워싱턴 플레이스
웨스트 4번가
웨스트 3번가
블리커 스트리트
웨스트 하우스턴 스트리트
블리커 스트리트
Bleecker St
브로드웨이-라파예트 스트리트
Broadway-Lafayette St
프린스 스트리트
Prince St
스프링 스트리트
스프링 스트리트 스테이션
Spring Street
Lafayette St
2 애버뉴 스테이션
2nd Avenue
Chrystie St
이스트 하우스턴 스트리트
E Houston St
1st Ave.
애비뉴 A
애비뉴 B
이스트 7번가
이스트 6번가
이스트 5번가
이스트 4번가
이스트 2번가
이스트 1번가
쿠퍼 스퀘어
바워리
Bowery
브룸 스트리트
켄마어 스트리트
Grand St
Rivington St
델란시 스트리트
델란시 스트리트 & 에식스 스테이션
Delancey St - Essex St
에식스 스트리트 마켓
그랜드 스트리트
Grand St
카날 스트리트
Canal St
Canal St
Lafayette St
윌리엄스부르
이스트 브로드웨이
East Broadway
디비시온 스트리트
헨리 스트리트
매디슨 스트리트
체리 스트리트
파크 로우
Park Row
맨해튼 브리지
Water St
024
025
026
027
028
029
030
031
032
033
034
035
036
037
038
039
040
041
042

024 51 Astor Place

건 축 가: Fumihiko Maki of Maki and Associates with Adamson Associates

위 치: 51 Astor Place, East Village

준공연도: 2013

특 징: 맥락적 차원에서 '이스트빌리지'의 역사적 건축물들과 동떨어지나 역설적으로 처리한 대비형 건축. 13층부터 4층까지 연결된 날카로운 사선과 3단의 계단식 프리즘 모양으로 디자인된 단순한 유리커튼 월 형태지만 강한 이미지를 부여. 1층 로비에 '제프쿤스' 작가의 반짝이는 빨간색 토끼 조형물로 유명.

025 Astor Place

건 축 가: Gwathmey Sigel & Associates

위 치: 445 Lafayette Street

준공연도: 2006

특 징: 굴곡이 심한 유리 커튼월구조의 주거용 타워. 역사적 지역인 주변과의 먹락 문제로 '그린 몬스터'라는 혹평을 받기도 함. 건물 전면 알라모광장의 '토니 로젠탈'조각가의 상징적인 '알라모 큐브' 조각상(1967년 작)과 함께 유명함.

026 Cooper Union Academic Building

건 축 가: Thom Mayne of Morphosis with Gruzen Samton Architects

위 치: 41 Cooper Square, East Village

준공연도: 2009

특 징: 쿠퍼유니온 창립 150주년 기념건축물. 건축학과의 건축물답게 독창적이고 해체주의적 디자인으로 유명. 학생들 간의 소통을 위해 일명 '수직광장'이란 컨셉을 도입하여 복잡한 내부계단을 형성함. 전면의 쿠퍼광장과 마주보며 금속 외장 판넬들이 다양한 각도의 형태로 분절 및 요철되며 내부 유리상자 덩어리로부터 떨어져 나가는듯한 외피로 표현됨.

027 The Standard, East Village

건 축 가: Carlos Zapata
위 치: 25 Cooper Square, East Village
준공연도: 2008
특 징: 21층의 호텔건물. 이웃의 역사적인 저층건물들과 맥락측면에서 많은 비평을 받은 건물. 3개의 분절된 입면으로 독특하나 맥락을 무시한 건축물로 평가됨

028 347 Bowery

건 축 가: Selldorf Architects
위 치: 347 Bowery
준공연도: 2017
특 징: 13층의 주상복합(복층 연립주택 4개, 3층 펜트하우스 1개 구성). 덴마크에서 수입한 주문제작 벽돌로 구성된 하부기단부와 아연판으로 된 탑부분이 상징.

029 48 Bond Street

건 축 가: Deborah Berke & Partners with GF55 Partners

위 치: 48 Bond Street, between Bowery and Lafayette Streen

준공연도: 2008

특 징: 11층, 16세대의 아파트건물. 회색 화강암과 경사진 돌출창의 입면변화 특징. 돌출 채광창은 기능적 측면보다는 변화있는 그림자를 연출하는 고정창 임.

030 40 Bond Street

건 축 가: Jacques Herzog and Pierre de Meuron of Herzog & de Meuron

위 치: 40 Bond Street, NoHo

준공연도: 2007

특 징: 11층의 공동주거. 3개층의 타운하우스와 그 위로 8개층의 아파트로 구성되며 최상층은 펜트하우스임. 전통적인 주철건축의 재해석과 라미네이트 녹색유리의 도입 등 독창적 입면. 특히 기단부의 조각같은 주철제작물이 특징.

031 22 Bond Street

건 축 가: BKSK Architects
위 치: 22 Bond Street
준공연도: 2019
특 징: 최초 14층 호텔로 계획되었다가 3개 층을 줄여 주거용으로 개조함. cor-ten철강 전면벽과 아트가든이 독창적. 미술가 '로이 나춤'의 조각적 창틀도 특징.

032 25 Bond Street

건 축 가: BKSK Architects

위　　치: 25 Bond Street

준공연도: 2007

특　　징: 2가지의 다양한 크기의 잔다듬석재와 청동 창호로 구성된 비대칭형 파사드. 8층 공동주거로 9세대 중 7세대는 실 주인들과 개발자가 공동 개발한 사례.

033 290 Mulberry

건 축 가: SHoP Architects

위 치: 290 Mulberry Street, at Houston Street

준공연도: 2009

특 징: 진회색 벽돌이 주 외장재로 모서리부분을 창문으로 감아돌리고 벽돌의 요철 구성으로 대각선형태 창출. 복잡한 파사드는 BIM공법을 적용, 실현한 사례.

034 Scholastic Building

건 축 가: Aldo Rossi and Morris Adjmi Architects with Gensler Associates
위 치: 557 Broad way, between Prince and Spring Street
준공연도: 2001
특 징: 주철 역사지구 내 건설된 '알도로시'의 유일한 뉴욕작품. 10층으로 보, 대들보, 코네이스, 페디먼트 요소 도입. 빨간색 주철보(장식용) 와 녹색보의 조화.

035 One Kenmare Square

건 축 가: Gluckman Mayner Architects
위　　치: 210 Lafayette Street, at Kenmare Street
준공연도: 2006
특　　징: 11층으로 석조밴드와 층마다 다른 굴곡면으로 구성. 미니멀리즘의 미학특성

036 The Nolitan

건 축 가: Grzywinski + Pons
위 치: 30 Kenmare Street
준공연도: 2011
특 징: 55개 객실의 9층 호텔로 2개의 매스가 대비적으로 상이한 특징. 하나는 진한 메탈판넬 사이 유백색 유리가 모서리를 부각시키며 퍼즐형태의 창문변화를 주는 반면 또 하나는 투명한 유리난간의 격자형 발코니로 구성된 단순함 .

037 New Museum of Contemporary Art

건 축 가: Sanaa

위 치: 235 Bowery

준공연도: 2007

특 징: 일본 듀오건축가의 국제공모전 당선작. 53m의 높이로 7개의 박스가 겹겹이 쌓인 형태로 구성된 뮤지엄. 창문이 없는 점을 해결하기 위해 박스를 약간씩 빗겨 쌓아 천창을 제공한 아이디어와 함께 각 박스마다 층별 기능을 구분함 (1층:로비 및 하역/ 2층:사무실/ 3~5층:갤러리/ 6층:교육장/ 7층:테라스) 알루미늄 메시로 된 전면 스크린이 흰색 벽과 어울려 전체적 분위기를 고조시킴.

038 Sperone Westwater Gallery

건 축 가: Foster+Partners with Adamson Associates

위 치: 257 Bowery, bowery

준공연도: 2010

특 징: 장방형 블랙 금속프레임 속 유리커튼월의 심플한 파사드. 반투명 유리내부 사이로 보이는 붉은색 공간은 전시기획에 따라 이동 가능하게 디자인 됨. 총 9층 (1~3층: 공공갤러리, 4-5층: 개인전시, 3층: 사무실과 도서관 역할)

039 215 Chrystie Street

건 축 가: Herzog & De Meurn

위 치: 215 Chrystie Street

준공연도: 2017

특 징: 28층으로 하단부는 367객실의 공공호텔, 상부는 11개의 고급 콘도미니엄으로 구성됨. 상, 하단부 기둥 개수의 변화와 상부매스의 셋백으로 입면의 구분이 명확함. 외부 경사진 콘크리트 기둥들의 리듬이 전체적인 활력소를 줌.

040 115 Norfolk Residences

건 축 가: Grzywinski + Pons

위 치: 115 Norfolk Street, between Delancey and Rivington Street

준공연도: 2011

특 징: 8층(24세대 주거). 유리커튼월에 경사진 수평 멀리온은 이웃 석조건물과 대비적. 작은 규모지만 정면 뒤 빈공간의 뜰이 채광을 위한 천공과 함께 조성.

041 Switch Building

건 축 가: Mini Hoang and Eric Bunge of nArchitects

위 치: 109 Norfolk Street, Lower East Side

준공연도: 2006

특 징: 7층 아파트로 독특한 갈바륨 패널(알미늄+징크 합금코팅)을 외장재로 사용. 1층은 아트 갤러리이며 상부는 복층 펜트하우스로 구성됨. 채광과 전망을 위해 각지게 돌출된 베이 창문 (발코니역할)의 디자인이 특징.

042 Blue Condominium

건 축 가: Bernard Tschumi Architects
위 치: 105 Norfolk Street
준공연도: 2007
특 징: 17층의 콘도미니엄으로 경사진 벽의 각도변화와 블루톤 유리들의 컬러변화로 입면의 다양성을 추구함. 법규상 허용범위 내에서 가용면적의 최대화를 위해 다양한 셋백 법규를 잘 협의하여 활용한 매스형태의 결과물로서 유명.

A&W FIRE CO
SALES · SERVICE
201-569-FIRE

MANHATTAN

3. Downtown

1) South + West + Greenwich Village

043	Unhistorical Townhouse
044	408 Greenwich Street
045	The Sterling Mason
046	V33
047	566 Broome SoHo
048	15 Renwick
049	497 Greenwich Building
050	512 Greenwich Street
051	Urban Glass House
052	Spring Street Salt Shed
053	160 Leroy Street
054	Hudson River Park Trust
055	150 Charles Street
056	163 Charles Street
057	Carriage House
058	166 Perry Street
059	165 Charles Street Condominium
060	173-176 Perry Street Condominium
061	Superior Ink
062	385 West 12th Street
063	Town House
064	One Jackson Square

MAP 3

14 스트리트 스테이션
14 St / 8 Av
18 스트리트 스테이션
18 Street
14 스트리트
14 St
14th Street
9 스트리트
9 St
크리스토퍼 스트리트 스테이션
Christopher St
크리스토퍼 스트리트
Christopher Street
웨스트 4 스트리트 스테이션
W 4 St - Wash Sq
하우스턴 스트리트
Houston St
스프링 스트리트
Spring St
프린스 스트리트
Prince St
Broadway-Laf
Canal St
카날 스트리트 스테이션
Canal Street
카날 스트리트
Canal St
스프링 스트리트 스테이션
Spring Street
프랭클린 스트리트 스테이션
Franklin Street
Hudson St
Varick St
Grove St
MacDougal St
Grand St
Lafayette St
Canal St
9th Ave
홀랑 터널
웨스트 스트리트
웨스트 하우스턴 스트리트
043
044
045
046
047
048
049
050
051
052
053
054
055
056
057
058
059
060
061
062
063
064

043 Unhistorical Townhouse

건 축 가: Jeremy Edmiston of System Architect

위 치: 187 Franklin Street, TriBeCa

준공연도: 2018

특 징: '가우디'의 작품으로 착각될 만큼의 독특한 입면 디자인. 깊이 7.6m, 폭 12m의 대지위에 계획된 5층의 연립주택으로 기존 3층의 벽돌건물을 증축한 리모델링 사례. 프라이버시를 고려하여 벽돌사이에 뚫린 창호들 간에 형성된 발코니와 각도의 변화로 형성된 벽돌의 비틀림 구성 등이 차별화된 파사드.

044 408 Greenwich Street

건 축 가: Morris Adjmi Architects
위 치: 408 Greenwich Street
준공연도: 2008
특 징: 9층의 복합주거로 소매상가(1층)와 임대주택이며 최상부 2개 층은 콘도미니엄으로 구성. 2개층 모듈의 아치형 개구부들은 주변의 맥락을 반영하고 F.C. 콘크리트판, 회색금속 스팬드럴, 캐노피 및 원형기둥의 구성이 특징임.

045 The Sterling Mason

건 축 가: Morris Adjmi Architects

위 치: 71 Laight Street

준공연도: 2016

특 징: 7층으로 33개 세대의 콘도미니엄. 서쪽에 위치한 1905년도 완공된 창고건물과 동일한 건축물의 리모델링 작품. 회색벽돌은 유리섬유 강화콘크리트로 석재부분은 알루미늄 패널로 변형시켜 재생됨.

046 V33

건 축 가: Archi-Tectonics
위 치: 33 Vestry Street
준공연도: 2011
특 징: 9층의 테라스 형 주거건축. 내부는 실제 7층으로 단층 및 복층주거로 구성됨.

047 566 Broome SoHo

건 축 가: Renzo Piano Building Workshop (RPBW)

위 치: 566 Broom Soho

준공연도: 2018

특 징: 115개 유닛의 아파트를 보유한 30층의 쌍둥이 타워. 얇은 멀리언으로 구성된 커튼월과 곡면 처리된 모서리가 특징인 파사드. 두 타워사이의 빈 공간은 투명한 유리로 감싸지고 그 사이는 금속 장식재로 연결됨.

048 15 Renwick

건 축 가: ODA Newyork
위 치: 15 Renwick
준공연도: 2016
특 징: 11층, 31개 유닛의 주거로 상부 3개층의 비대칭형 펜트하우스 구성이 특징.

049 497 Greenwich Building

건 축 가: Winka Dubbeldam of Archi-Tectonics with David Hotson Architect

위　　치: 497 Greenwich, between Canal and Spring Street

준공연도: 2004

특　　징: 'Para빌딩'이란 별칭. 6층 벽돌건물에 11층의 유리건물이 덧붙어 처리된 점이 특징. 신, 구 건물의 조화 외에 잔물결 모양의 유리창 입면이 흥미를 주며 수평 지느러미 형상 및 부드럽게 뒤로 꺾인 곡선유리 등의 적용은 뉴욕의 가장 대담한 건축물 중의 하나로 부각됨.

050 512 Greenwich Street

건 축 가: Archi-Tectonics

위 치: 512 Greenwich Street

준공연도: 2018

특 징: 기존 4층에 3개 층을 증축하여 6개 층의 타운하우스를 조성함. 구조보강과 함께 1층 상가 위에서 시작되는 타공 스크린의 전면 파사드가 특징. 이는 신, 구간을 구분하는 피복으로서 옥외 테라스를 베일처럼 감싸는 역할을 함.

051 Urban Glass House

건 축 가: Philip Johnson & Annabelle Selldorf

위 치: 330 Spring Street

준공연도: 2006

특 징: '필립존슨'의 마지막 작품으로 50유닛의 12층 콘도미니엄. 역사지구가 새로운 도심건축으로 변화되는 상징적 과정의 건축물로 평가됨. 인테리어는 '아나벨 쉘돌프'가 디자인 했고 격자형 창문은 주변환경을 고려한 처리요소임.

052 Spring Street Salt Shed

건 축 가: WXY, Dattner Architects
위 치: 336 Spring Street, Soho
준공연도: 2015
특 징: 제설용 소금 저장창고로 소금의 결정체를 모티브로 한 형태의 노출콘크리트. 허드슨지역의 현재와 미래의 쾌적한 환경을 위해 12m높이의 내용물(제설염)을 숨기려는 목적의 조형적 디자인. 뉴욕시 공공디자인에 대한 노력의 결과.

053 160 Leroy Street

건 축 가: Herzog & De Meuron

위　　치: 160 Leroy Street

준공연도: 2018

특　　징: 14층으로 57개 유닛을 보유한 주거건축물. 허드슨강을 전망할 수 있도록 전면을 격자형 프레임과 곡면유리로 연출함. 조경가 '매디슨콕스'의 930㎡ 규모의 실내정원 디자인은 도시와 주거의 내, 외부를 완충해 주는 역할을 함.

054 Hudson River Park Trust

건 축 가: Abel Bainnson Butz (ABB)

위 치: 353 west street

준공연도: 2003

특 징: 배터리 파크에서부터 59번가까지 8km길이의 파크(500에이커 면적) 중 일부로 각종 휴식공간을 제공. 1,200개의 콘크리트기둥으로 구성된 길이 262m의 부두로 다양한 공공공간을 제공하며 공원 양쪽 끝에 나무숲들을 조성함.

055 150 Charles Street

건 축 가: Cookfox

위 치: 150 Charles Street

준공연도: 2015

특 징: 16층으로 91개의 콘도미니엄을 보유. 역사지구의 맥락 속에서 벽돌과 유리로 된 이웃 건축물의 연속성을 유지. 과거 창고의 구조프레임인 교각형 벽돌 격자 사이의 대형 창문과 골조 뒤편 타워로 올라가는 2개의 다리가 특징.

056 163 Charles Street

건 축 가: Daniel Goldner Architects

위 치: 163 Charles Street, between Washington and West Street

준공연도: 2008

특 징: 폭 6.6m의 좁은 대지위의 8층 주거로 3개의 고급형 복층콘도를 보유. 깊은 발코니의 하부 2층은 도로와 동쪽, 위층은 서쪽이웃과 마주보도록 구성. 금속과 흰색벽돌의 리본형태 연결프레임은 입구와 내부로 유도하는 역할.

057 Carriage House

건 축 가: Christoff : Finio Architecture
위 치: 12 Charles Lane
준공연도: 2006
특 징: 좁은 골목길사이의 2층 펜트하우스. 1층 유리벽 내부는 자전거와 쓰레기통을 보관하는 도심형 차고역할. 벨기에산 블록과 90도 틀어 나열된 수직 금속 밴드 사이의 경량 필터스크린으로 구성된 독창적이고 단순한 디자인.

058 166 Perry Street

건 축 가: Asymptote Architecture
위　　치: 166 Perry Street, between Washington and West Street
준공연도: 2010
특　　징: 8층 콘도로 북쪽과 남쪽의 파사드, 즉 하늘과 반대쪽 건물을 번갈아 비추는 폭포형태의 각진 유리창의 나열이 상징적임. 아방가르드 디자이너 '라시드와 쿠튀르'의 물리적 은유법과 시간의 순간을 포착하는 개념의 현대건축적 표현

059 165 Charles Street Condominium

건 축 가: Richard Meier

위 치: 165 Charles Street, West Village

준공연도: 2006

특 징: 바로 옆 173-176 Perry Street 대지 위 '리차드 마이어'의 2개 콘도 완공 후 다른 개발업자에 의해 새로이 남쪽에 계획된 별도의 콘도미니엄. 3개동이 일체성을 주지만 커튼월을 구성하던 금속격자와 유리난간 발코니가 사라져 상이한 파사드를 연출함. 16층으로 각층 당 2개의 유닛으로 구성됨.

060 173-176 Perry Street Condominium

건 축 가: Richard Meier
위 치: 173-176 Perry Street
준공연도: 2002
특 징: '리차드 마이어'의 뉴욕시티 첫 주거작품으로 16층의 고급 콘도미니엄 2개동. 허드슨 강을 조망하도록 코어를 동쪽에 두고 층당 270도 시야를 확보하며 각 층별 1개 유닛으로 구성. 반투명 유리패널 난간의 발코니 구성이 특징이며 옆 건물 1개동과 함께 3개의 작품이 일체성을 갖는 아이콘격인 주거군.

061 Superior Ink

건 축 가: Robert A.M. Stern Architects (RAMSA)

위 치: 400 West 12th Street

준공연도: 2009

특 징: 옛 슈페리어 잉크 공장부지 위 재개발로서 3단으로 분절된 15층의 콘도미니엄. 저층 기단부로 인한 매스중량감, 허드슨강의 조망을 확보한 아치형 창문과 넓은 유리창 및 벽돌 파사드의 입면구성이 신 고전적 이미지를 부여함.

062 385 West 12th Street

건 축 가: Flank Architecture
위 치: 385 West 12th Street
준공연도: 2010
특 징: 12세대의 콘도미니엄 주거. 서로 상이한 높이와 특성을 가진 수직형 베이들의 유기적인 조합으로 연결, 표현된 파사드가 특징. 구리 외장재는 점차 녹슬어 갈색에서 녹색으로 변모하며 차후 녹색유리와 함께 주변 자연환경과 어우러져 더욱 하나가 되는 모습이 연출될 것을 예상한 디자인.

063 Town House

건 축 가: Matthew Baird Architects
위 치: 829 Greenwich Street, between Horatio and Gansevoort Street
준공연도: 2005
특 징: 4층의 주거건축. 가로 4.3m, 세로 10.4m의 cor-ten강을 부식시켜 만든 철판을 파사드로 강조한 특징. 측면의 수직 띠창 및 후면 채광창을 통해 자연채광을 해결. 역사지구 내 주변 건축물들과의 맥락적 측면의 이견이 많았던 작품.

064 One Jackson Square

건 축 가: Kohn Pederson Fox Associates with SLCE Architects

위 치: 122 Greenwich Avenue, at 8th Avenue

준공연도: 2009

특 징: 35세대의 콘도미니엄. 도심 내 물결을 형상화한 컨셉을 기본으로 상, 하부가 서로 상관없이 고유의 자유로운 곡선를 유지한 독창적 형태. 둘로 나누어진 구역의 제한된 법규에 따라 적용된 11층 및 7층의 2개 매스가 통합되어 창출됨. 지하철 터널 위 부지로 초대형 캔틸레버 기초를 적용한 사례.

MANHATTAN

3. Downtown

2) Flat Iron District + Union Square Area

065	The New School University Center
066	39 East 13th Street Building
067	Irving Place
068	Learning Spring School
069	121 East 22nd Street
070	Baruch College Vertical Campus
071	Madison Square Park Tower
072	One Madison
073	Shake Shack
074	Prism Tower

MAP 4

펜실베이니아 역
Pennsylvania Station
34 Street - Penn Station
34 St - Herald Sq
33rd Street
28 스트리트
28 St
23 스트리트
23 St
23rd Street
33 스트리트 스테이션
33 St
23 스트리트 스테이션
23 St
14 St - Union Sq
3 Av
퍼스트 애비뉴
스테이션 - 1 Av
1 Av
8 스트리트 스테이션
8 Street
애스터 플레이스
스테이션
Astor Pl
블리커 스트리트
Bleecker St
브로드웨이-라파예트
스트리트
Ave of the Americas
5th Ave
6th Ave
Madison Ave
3rd Ave
1st Ave
E 27th St
E 8th St
Lafayette St
브로드웨이
파크 애비뉴 사우스
렉싱턴 가
웨스트 34번가
웨스트 23번가
웨스트 14번가
이스트 34번가
이스트 23번가
이스트 14번가
073
074
072
071
070
069
068
067
066
065

065 The New School University Center

건 축 가: SOM (Skidmore, Owings & Merrill)
위 치: 63 5th Avenue, Greenwich Village
준공연도: 2013
특 징: '파슨스 디자인스쿨'의 16층 신축 캠퍼스빌딩으로 지하 1층 및 지상 7층의 교육시설과 그 상부에 9개 층의 주거시설로 구성. 외관상 내부계단을 따라 대각선으로 가로질러 표현된 유리의 형태가 강한 이미지를 줌. 도심 캠퍼스 내에서 학생 간 소통공간의 역할을 내부의 복합계단으로 해결하고자 한 컨셉을 바탕으로 한 디자인 (학업, 생활, 식사 및 사교 공간들 간의 교류공간)

066 39 East 13th Street Building

건 축 가: IO Architects

위 치: 39 East 13th Street, University Place

준공연도: 2008

특 징: 기존의 클래식한 4층 창고 구조물 위에 증축한 건축물. 기존 외장재인 주철대신 3개 층의 반투명 채널유리를 사용하여 떠 있는 형태로 구성. 복원을 전제로 한 전통의 유지와 현대건축을 대비적 효과를 적용해 혼합하려고 시도함.

067 Irving Place

건 축 가: Audrey Matlock Architect
위 치: 57 Irving Place
준공연도: 2011
특 징: 11층의 콘도미니엄 주거. 1~2개 층에 걸쳐 돌출된 유리창호의 역동적 표현. 돌출창호 요소에 수평의 흰색 철재 루버스크린 트랙을 연결하여 강조한 파사드 연출. 벽돌과 돌이 주 외장재인 주변 건축물과 대비되는 존재감 부각.

068 Learning Spring School

건 축 가: Platt Byard Dovell White
위　　치: 247 East 20th Street
준공연도: 2010
특　　징: 자폐증 장애학생들을 위한 8층 학교로 부모들로 구성된 재단에 의해 건설됨. 남, 동향에서 들어오는 빛 차단 루버 및 주황색 테라코타와 회색 띠의 조화.

069 121 East 22nd Street

건 축 가: Shohei Shigematsu and Rem Koolhaas of OMA

위 치: 121 East 22nd Street, near Gramercy Park, Midtown South

준공연도: 2018

특 징: OMA와 '시게마츠 쇼헤이' 협업 디자인으로 '아반가르드'풍 건축. 진회색 격자 패턴 프레임에 프리즘형 디테일을 접목하여 자체의 볼륨을 부각시킨 입면.

070 Baruch College Vertical Campus

건 축 가: Kohn Pedersen Fox Associates
위 치: 55 Lexington, between 24th and 25th Street
준공연도: 2001
특 징: 17층 규모의 뉴욕시립대학교. 100개 이상의 강의실, 50개 연구실, 2개 강당, 극장, 공연예술센터, 50개 회의실, 500개 사무실, 체육시설 및 미술센터 등 다양한 부대시설 갖춘 캠퍼스. 금속재로 된 곡선형태의 상부 외관이 존재감.

071 Madison Square Park Tower

건 축 가: Kohn Pedersen Fox
위 치: 45 East 22nd Street, Midtown South
준공연도: 2018
특 징: 64층 (높이 237M)의 콘도미니엄 주거. 4층 석조기단 위 커튼월 타워로 높이를 가늠하기 어려운 온도계 형상의 외관. 360도 파노라마식 시티 전망 보유.

072 One Madison

건 축 가: CetraRuddy Architecture

위 치: 23 East 22nd Street, near Madison Square Park, Midtown South

준공연도: 2013

특 징: 21세기 랜드마크로 부각된 '매디슨 스퀘어'공원 앞의 50층 호화주거. 북동 방향으로 튀어나와 흰색유리로 마감된 7개의 캔틸레버 돌출 파사드가 특징.

073 Shake Shack

건 축 가: James Wines of SITE
위 치: Madison Square Park, Midtown South
준공연도: 2004
특 징: '매디슨 스퀘어'공원 내 아이콘인 삼각형모양의 '쉐이크쉑' 햄버거 1호 매장. 경사진 녹색지붕에 담쟁이넝쿨을 도입하여 공원과의 맥락을 유지하려는 시도.

074 Prism Tower

건 축 가: Christian de Portzamparc

위 치: 400 Park Ave South, Midtown South

준공연도: 2016

특 징: 40층 프리즘 유리구조체로 생동감 있는 예술품으로 인식. 하부 22층의 임대 아파트와 상부 18층의 콘도미니엄 보유. 주변 석조건축물 사이의 코너 강조.

MANHATTAN

4. West side + Chelsea + Hudson Yards

075	Whitney Museum of American Art
076	Little Island
077	DVF Studio Headquarters
078	860 Washington Street
079	The Standard Hotel
080	837 Washington
081	Dream Downtown Hotel
082	Chelsea Modern
083	459 W 18th Street
084	Metal Shutter House
085	The IAC Building
086	100 Eleventh Avenue
087	David Zwirner Gallery
088	High Line Park
089	HL23
090	High Line 519
091	245 Tenth
092	Hotel Americano
093	520 West 28th Street
094	10 Hudson Yard
095	The Shed
096	Vessel
097	The Edge
098	34th Street-Hudson Yards Subway Station
099	Hudson Park & Boulevard

MAP 5

12th Ave
34th 스트리트-허드슨 야즈 서브웨이 스테이션
34 Street-Hudson Yards Subway
23 스트리트
23rd St
18 스트리트 스테이션
18 Street
14 스트리트 스테이션
14 St / 8 Av
14 스트리트
14 St
14th Street
Hudson St
075
076
077
078
079
080
081
082
083
084
085
086
087
088
089
090
091
092
093
094
095
096
097
098
099

075 Whitney Museum of American Art

건 축 가: Renzo Piano Buildig Workshop with Cooper Robertson
위 치: 99 Gansevoort Street, Meatpacking District
준공연도: 2015
특 징: 개관 후 외관이 투박하고 미술관답지 않은 산업형 건축물이란 비평을 받음. 1,672㎡의 테라스 및 옥상 갤러리에 막대한 공간제공을 시도한 점이 특징. '하이라인'공원과 시각적으로 연결시키고자 한 계단식 상향 컨셉의 디자인.

076 Little Island

건 축 가: Heatherwick Studio

위 치: Pier55 at Hudson River Park Hudson River Greenway

준공연도: 2021

특 징: 280개의 디자인된 콘크리트 기둥파일로 이루어진 인공섬 공원. 약 3,000억 원이 투자된 공원으로 인공적인 등고선의 고저차를 활용한 전망 포인트, 휴게공간, 야외음악당 등의 다양한 공공 공간을 제공함. 35종의 나무, 65종의 관목, 270종의 식물 등으로 조경하여 4계절을 위한 자연 생태적인 공원을조성. 2020년대 초 하이라인 지역의 새롭고 현대적인 랜드마크로서 부각됨.

077 DVF Studio Headquarters

건 축 가: Work Architecture Company
위 치: 440 West 14th Street, at Washington Street
준공연도: 2007
특 징: 2개의 역사적 벽돌건물을 리모델링한 패션디자인회사. 지붕 꼭대기의 크리스탈 구조물과 빛의 축으로 일컫는 내부의 직선계단이 이곳으로 향하는 특징.

078 860 Washington Street

건 축 가: James Carpenter Design Associates

위 치: 860 Washington Street

준공연도: 2016

특 징: 하부 2개 층의 상업시설 (현 현대 제너시스매장)과 상부 9개 층의 사무실로 구성. 유리커튼월 구조로 수정체 모습 같은 코너의 유리면은 각도의 변화에 따라 하이라인의 모습을 다양하게 투영함과 동시에 모서리를 부각시킴.

079 The Standard Hotel

건 축 가: Ennead Architects (formerly Polshek Partnership)
위 치: 848 Washington Street, Meatpacking District
준공연도: 2009
특 징: 18층, 337객실의 '부티크 호텔'. 하이라인 남단 입구의 게이트 역할을 하는 높이 18m의 호텔을 받드는 피로티 기둥과 그 밑으로 지나가는 하이라인의 산책로가 특징. '보이어의 기쁨'이라는 애칭으로 하이라인을 상징하는 건축물

080 837 Washington

건 축 가: Morris Adjmi of MA

위 치: 837 Washington Street, Meatpacking District

준공연도: 2014

특 징: 1938년도 '아르데코'풍의 벽돌재 창고건물을 리모델링한 상업건물. 경사지게 비틀린 철골프레임과 캔틸레버 캐노피 및 커튼월로 구성. 도시거리의 격자그리드 형태조합을 모티브로 삼은 디자인으로 현재 삼성전자 첼시매장이 입점.

081 Dream Downtown Hotel

건 축 가: Handel Architects
위 치: 346 West 17th Street, at 9th Avenue
준공연도: 2011
특 징: '드림' 호텔체인. 스테인레스 패널 위 규칙적 격자에 불규칙적인 2개의 원형 타공으로 현대화. '레드너'의 기하학을 모티브로 대형 치즈 그레이터 연출.

082 Chelsea Modern

건 축 가: Audrey Matlock Architect

위 치: 447 West 18th Street, Chelsea

준공연도: 2009

특 징: 12층 규모로 청색의 유리 커튼월 수평띠가 지그재그로 돌출된 모습이 특징. 짝이 안 맞는 1쌍의 조합 부분은 의도적으로 시선을 끌기 위한 디자인 연출

083 459 W 18th Street

건 축 가: Della Valle + Bernheimer
위　　치: 459 West 18th Street
준공연도: 2009
특　　징: 11층의 콘도미니엄. 알루미늄 패널의 대비적인 2색상은 실제로 부지가 2개로 나누어진 구역에 따라 상이한 디자인형태로 명확히 구분하여 표현된 것.

084 Metal Shutter House

건 축 가: Shigeru Ban with Dean Maltz

위　　치: 524 West 19th Street, Chelsea

준공연도: 2011

특　　징: 11층 9세대의 콘도미니엄 주거. 규칙적인 격자형 프레임과 롤링형 셔터 뒤의 테라스와 폴딩창으로 구성된 전면창이 독창적임. 롤링 금속셔터를 활용한 미니멀리즘과 저예산 공사비 실현을 위한 실험적인 작품.

085 The IAC Building

건 축 가: Frank Gehry
위　　치: 555 West 18th Street, Chelsea
준공연도: 2007
특　　징: '게리'의 뉴욕 1호 건물. 10층으로 허드슨강 돛단배 형상을 모티브로 우유빛 질감의 유리사용. 1,300개 이상의 단열 유리패널은 햇빛차단 및 시야확보를 위해 흰색점이 있는 세라믹 유리섬유사용. 주변과의 맥락유지에 실패한 작품

086 100 Eleventh Avenue

건 축 가: Jean Nouvel with Beyer Blinder

위　　치: 100 Eleventh Avenue, Chelsea

준공연도: 2010

특　　징: 23층 주거. 곤충의 겹눈을 모티브로 한 1,700여개의 픽셀화 된 유리커튼월. 건물크기에 비례하여 서로 다른 크기의 정사각형, 직사각형 유리로 구성된 추상화적 파사드. 하부 6층 기단부의 금속과 유리로 조경처리 된 갤러리특징

087 David Zwirner Gallery

건 축 가: Selldorf Architects
위　 치: 537 West 20th Street
준공연도: 2013
특　 징: 티크목 패널의 창틀과 함께 스위스 풍을 연출한 첼시의 2번째 갤러리. 5층 노출콘크리트구조 아래 최소한의 디테일과 극적인 내부 콘크리트계단이 특징.

088 High Line Park

건 축 가: Diller Scofidio+Renfro, JamesCorner Field Operations, Piet Oudolf

위 치: 10th Avenue, Chelsea from Gansevoort Street

준공연도: P1-2009 / P2-2011 / P3-2014

특 징: 2.3km의 폐선 고가철도를 활용한 현대적 공원. 과거 교통방해 없이 공장과 창고를 직접 연결하여 적재 및 하역하던 고가철도를 공공 개방공간으로 보존하며 재사용한 시민들의 노력. 휘트니 미술관부터 허드슨 레일야드까지 공공에게 녹색띠의 우수한 경관을 제공. 주변의 신축건물들과 함께 명소 부각.

089 HL23

건 축 가: Neil Denari Architects with Marc Rosenbaum Architects
위 치: 515 West 23rd Street, Chelsea
준공연도: 2012
특 징: 23번가 교차로의 14층 콘도미니엄. 대지의 1/4이 하이라인 아래 위치해 지상 레벨에선 좁은 2개층 미술관으로 시작하여 하이라인 상부에선 캔틸레버를 활용해 12m의 폭을 유지하며 건물이 넓어진 형태. 유실된 면적을 복구해 주는 법규를 적용한 사례로 과학적이며 매혹적인 미래지향형 매스디자인.

090 High Line 519

건 축 가: Roy Design

위 치: 519 West 23rd Street, between 10th and 11th Avenue

준공연도: 2007

특 징: 벽돌과 유리 건물 사이 좁은 공간속의 11층 주거. 비정형적이고 비연속적인 형태로 창호에 서랍처럼 돌출된 스텐레스 스틸은 발코니의 가드레일 역할.

091 245 Tenth

건 축 가: Della Valle Bernheimer
위　　치: 245 10th Avenue, at 24th Street
준공연도: 2009
특　　징: 하이라인의 신축주거 중 하나. 하이라인과 대지 옆 주유소와의 인접관계를 고려하고 면적확보를 위해 법규를 활용한 캔틸레버구조를 적용. 스테인레스 스틸 외장재에 다이아몬드패턴을 입힌 변화를 준 입면.

092 Hotel Americano

건 축 가: Enrique Norten of Ten Arquitectos

위 치: 518 West 27th Street, Chelsea

준공연도: 2011

특 징: 멕시코출신 건축가작품. 스테인레스 망사스크린의 독특한 파사드는 호텔 룸의 채광과 프라이버시를 고려한 디자인으로 저층부 bar사이의 완충적 역할. 뒤편 정원과 함께한 식당, 수영장, 바와 테라스 정원이 있는 옥상 데크 보유.

093 520 West 28th Street

건 축 가: Zaha Hadid
위　　치: 520 West 28th Street, Chelsea
준공연도: 2011
특　　징: '하디드'작고 후 완공된 뉴욕의 첫 번째 작품. 11층의 L자형 평면을 지닌 부 티크 콘도미니엄. 바닥에서 천장까지 이어지는 유리벽과 수작업의 곡선형 돌 출 금속테라스 프레임 및 남,북 파사드를 연결해주는 접힌 금속부분이 특징.

094 10 Hudson Yards

건 축 가: KPF
위 치: 10 Hudson Yards
준공연도: 2016
특 징: '허드슨 야드' 남동쪽에 위치한 52층의 오피스 타워. 각진 실루엣의 유리탑으로 '허드슨 야드'의 복합개발 마스터플랜 하에 개발된 첫 번째 타워임.

095 The Shed

건 축 가: Diller Scofidio + Renfro, David Rockwell

위 치: 15 Hudson Yards, Chelsea

준공연도: 2019

특 징: 묶음원통형 70층 주거의 저층부에 조성된 확장, 축소 가능한 문화 공간 (8층높이). 유리보다 가격 및 단열측면에서 더 우수한 ETFE(프라스틱)의 반투명 튜브모양의 외관. 5분내 레일과 바퀴에 의해 이동되는 가변식 공연장은 옥외공간을 공연 및 행사에 맞게끔 실내 다목적홀로 변화시킴.(37m높이/ 1,600㎡면적/1,200~2,700명 수용가능). 갤러리, 극장, 리허설공간, 예술연구실 등 보유

096 Vessel

건 축 가: Thomas Heatherwick

위 치: Hudson Yards, Chelsea

준공연도: 2019

특 징: 뉴욕시티의 새로운 랜드마크로 부각. 인도의 고대 계단식 우물에서 도티브. 154개의 계단, 2,400여개의 단, 80개의 계단 플랫폼을 지닌 46m 높이의 철골 구조 (유광구리색 패널외장), 하부 15m폭이 올라가면서 45.7m로 넓어지는 솔방울 형태로 동시에 1,000명을 수용가능 한 전망대 역할.

097 The Edge

건 축 가: Bill Pedersen of KPF
위　　치: 30 Hudson Yards
준공연도: 2019
특　　징: 90층, 395m로 허드슨 야드에서 가장 높은 주상복합타워. 300m지점에 딱따구리 부리의 모습을 연상케 하는 뉴욕 최고 높이의 옥외 전망대가 새로운 명소로 부각. 메인 로비는 하이라인에서 바로 진입하며 저층부의 쇼핑센터 및 연면적의 1/2이 오피스로 구성됨. (타임워너 직원 5,000여명 수용)

098 34th Street-Hudson Yards Subway Station

건 축 가: Dattner Architects

위 치: 34th Street-Hudson Yards Subway Station

준공연도: 2015

특 징: 건축가 '모리 토시코'가 설계한 유리캐노피 하부의 지하철역사 디자인. '저노비아 베일리'의 모자이크작품과 아주 긴 길이의 승강 에스컬레이터가 특징.

099 Hudson Park & Boulevard

건 축 가: Michael Van Valkenburgh Associates
위 치: 528 West 34th Street
준공연도: 2015
특 징: 서부지역이 상업 및 주거용 구역으로 변경되면서 7호선 지하철 연장과 함께 연계되어 계획된 공원. 3개의 녹지공원에 나무, 벤치, 분수, 놀이터, 매점 등을 조성. 관리비용을 주변 상업시설 입주자들이 수수료로 내는 BID의 적용.

lulemon
SEPHORA

MANHATTAN

5. Midtown South

100	Newyork Times Building
101	New 42nd Street Studios
102	Westin Hotel New York
103	TKTS
104	Bank of America Tower
105	7 Bryant Park
106	505 5th Avenue
107	One Vanderbilt
108	Scandinavia House
109	Morgan Library
110	American Copper Building
111	U.S. Mission to The United Nations
112	Urban Town House

MAP 6

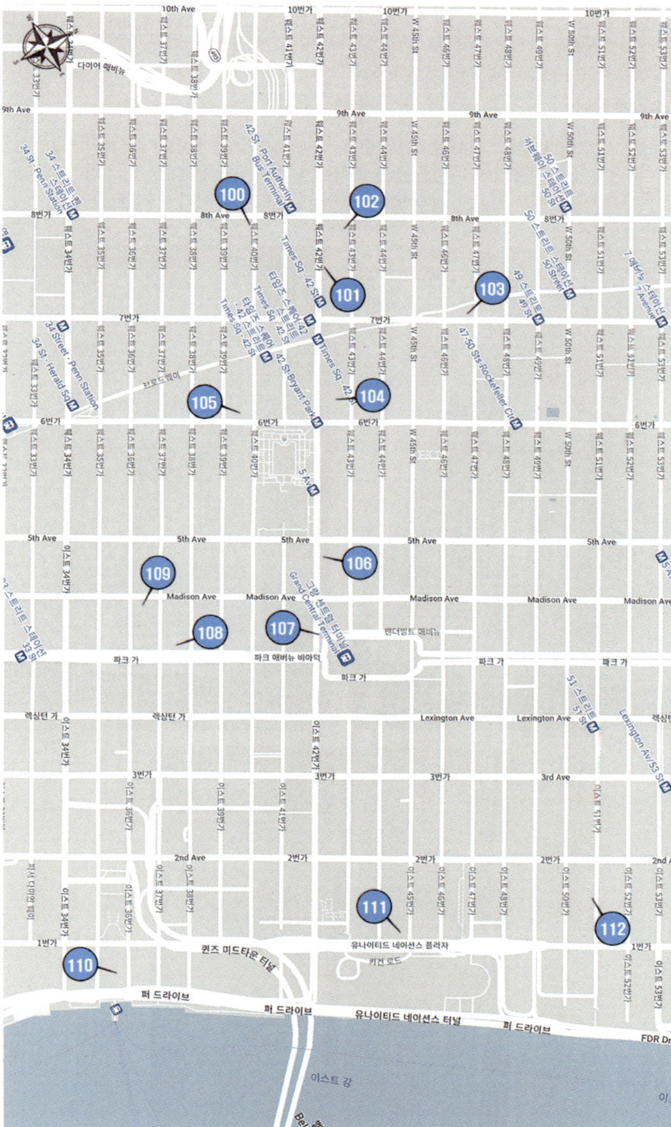
10th Ave
10번가
9th Ave
8th Ave
8번가
7번가
6번가
5th Ave
Madison Ave
파크 가
렉싱턴 가
Lexington Ave
3번가
3rd Ave
2nd Ave
2번가
1번가
다이어 애비뉴
42 St - Port Authority Bus Terminal
34 스트리트 펜 스테이션
34 St - Penn Station
Times Sq - 42 St
타임즈 스퀘어-42 스트리트
브로드웨이
34 Street - Penn Station
34 St - Herald Sq
42 St-Bryant Park
5 Av
47-50 Sts-Rockefeller Ctr
50 스트리트 스테이션
50 St
50 Street
49 스트리트
49 St
7 애비뉴 스테이션
7 Avenue
그랑 센트럴 터미널
Grand Central Terminal
밴더빌트 애비뉴
파크 애버뉴 비아덕
51 스트리트
51 St
Lexington Av/53 St
퀸즈 미드타운 터널
유나이티드 네이션스 플라자
퍼 드라이브
유나이티드 네이션스 터널
FDR Dr
이스트 강
100
101
102
103
104
105
106
107
108
109
110
111
112

100 Newyork Times Building

건 축 가: Renzo Piano Building Workshop with FXFOWLE Architects
위　　치: 620 Eighth Avenue, Midtown
준공연도: 2007
특　　징: 150년 타임스 역사상 7번째 본사사옥. 52층으로 지상의 자작나무로 구성된 H자형 정원유리벽 개방공간과 조화된 컬러로 구성된 내부 인테리어 특징. 실내 빛을 조절하는 1.5m높이의 186,000개 흰색 유광세라믹 막대스크린.

101 New 42nd Street Studios

건 축 가: Platt Byard Dovell White

위　　치: 229 West 42nd Street, between Broadway and 8th Avenue

준공연도: 2000

특　　징: 42번가 재개발사업을 운영하는 2개의 비영리단체를 위한 10층 건물. 사무실, 리허설 스튜디오, 블랙박스극장 보유. 유리 및 알루미늄 커튼월 1m 전면의 타공된 스테인레스스틸의 얇은 패널은 채광조절 및 야간 라이팅쇼 역할을 함.

102 Westin Hotel New York

건 축 가: Arquitectonica

위　　치: 270 West 43rd Street, at 8th Avenue

준공연도: 2002

특　　징: 타임스퀘어 주변 고층건물들이 각종 조명들에 의해 퇴색되는 것에 반하여 독특한 라틴계열의 컬러와 곡선을 이용한 호텔 체인점. 밤에 조명되는 급상승 곡선, 다양한 색의 반사유리, 줄무늬 등을 적용, 광고자체가 된 입면특징

103 TKTS

건 축 가: Chrofi with Perkins Eastman

위 치: Father Duffy Square, between 46th and 47th Street, Theater District

준공연도: 2008

특 징: '브로드웨이쇼'의 반값 티켓부스로 국제현상설계 시 700여 출품작 중 당선된 호주 건축가작품. 전체 면을 유리로 구성한 디자인으로 LED조명의 빨간계단과 유리섬유 형태의 매표소. 지열시스템으로 겨울에 얼지 않도록 한 계단등 빛과 에너지를 반영한 타임스퀘어의 가장 상징적이고 인기 있는 장소.

104 Bank of America Tower

건 축 가: Cook + Fox Architects
위　　치: One Bryant Park, Midtown
준공연도: 2009
특　　징: 유리, 강철, 알루미늄으로 구성된 55층의 아메리카은행 본사. 366m의 높이(78m 첨탑포함)로 크리스탈 조각표면과 같은 독특한 고드름 형태. 상부타워에 물, 실내공기, 에너지 효율 등에 관한 최첨단 친환경 조절시설을 보유함.

105 7 Bryant Park

건 축 가: Henry Cobb of Pei Cobb Freed & Partners

위　　치: 1045 Avenue of the Americas

준공연도: 2014

특　　징: 철과 유리구조의 30층 타워. 하부 9층과 상부 21층의 분절 구간에 프리즘형태로 구성된 원뿔형 코너가 특징. 원반모양의 원형 캐노피는 뉴욕 거리의 새로운 코너의 모습으로 보행자에 대한 의미 있는 대안을 제시함.

106 505 5th Avenue

건 축 가: K.P.F. with James Turrel

위 치: 505 5th Avenue

준공연도: 2005

특 징: 로비 공간의 인테리어 디자인을 위해 빛의 예술가로 유명한 제임스 터렐과 협업한 작품. 벽이 바닥, 천정과 만나는 곳에 오목한 코브조명 밴드를 삽입하여 낮, 밤으로 변하는 오묘한 조명을 연출함.

107 One Vanderbilt

건 축 가: Kohn Pedersen Fox

위　　치: 1 Vanderbilt Avenue, Midtown

준공연도: 2020

특　　징: 427m의 높이에 4개의 매스가 상부로 점점 좁아지는 형태. 311m 테라스중 한 곳에 실내전망대 설치. 높은 용적율의 건축개발을 허용한 대가로 주변계단 및 쎈트럴 역, 보행자 공간, 지하철 승강장 등의 시설을 기부 처리함.

108 Scandinavia House

건 축 가: Ennead Architects
위　　치: 58 Park Avenue, between 37th and 38th Street
준공연도: 2000
특　　징: 미국-북유럽 5개국 간 교육, 문화교류의 재단사옥. 미술 및 디자인 전시회, 콘서트, 강연 등 다양한 문화 활동을 위한 6층 규모. 수평멀리온, 루버 등 다양한 재료에 특히 북유럽을 연상하는 꽃병, 의자, 목재의 사용 등이 특징.

109 Morgan Library

건 축 가: Renzo Piano Building Workshop with Beyer Blinder Belle

위 치: 225 Madison Avenue, Midtown

준공연도: 2006

특 징: 3개의 분리된 구조물(도서관, 부속건물, 구 주거)을 통합하기 위한 건축가의 노력은 15M 높이의 유리박스 코트로 승화됨.(일명:플라잉카펫) 프로그램 절반을 지하 4층으로 배치함으로 상부노출을 자제하고 옛것과 새것의 틈을 유리벽으로 메워 내, 외부의 구분이 없도록 시도. 간결하고 대비적 디자인요소.

110 American Copper Building

건 축 가: SHoP Architects
위 치: 625 First Avenue, Murray Hill
준공연도: 2017
특 징: 41층, 48층의 쌍둥이타워 (일명: 댄싱타워)로 28, 29층에 30m 길이의 2개층 하늘다리(아래층은 풀장, 위층은 라운지)로 연결. 2동이 서로 반대되는 향으로 구부러져 리듬을 주고 SCAPE 조경설계사가 디자인한 생태공원 광장이 특징. 서쪽 타워상부에는 비상발전기, 동쪽 타워에는 수영장과 스파가 위치.

111 U.S. Mission to The United Nations

건 축 가: Gwathmey Siegel & Associates Architects
위 치: 799 UN, Plaza, First Avenue at 45th Street
준공연도: 2010
특 징: 고 'Gwathmey'의 마지막 작품인 유엔 미국대표부. 벙커처럼 보이는 ㅎ-부곡선 기단부와 뒤편 22층 콘크리트 탑으로 구성. 9.11 테러이후 강화된 보안 기준에 맞는 유리기술과 건설공법의 발전으로 가능한 유리재료를 사용.

112 Urban Town House

건 축 가: Peter Gluck and Partners

위　　치: 324 East 51st Street, between 1st and 2nd Avenue

준공연도: 2009

특　　징: 주변맥락과 상충되게 보이는 5층의 타운하우스. 유공철판의 독특한 외장재에는 표준 벽돌크기의 개구부가 불규칙하게 뚫림. 지그재그 수평창은 계단을 채광하고 양쪽 수직 투명유리창이 철판을 강조하며 내부를 인지하게끔 함.

MANHATTAN

6. 57th Area (East to West)

113	VIA 57 West
114	Mercedes House
115	The Dillon
116	Hearst Tower
117	Central Park Tower
118	One57
119	111 West 57th Street
120	53 West 53rd Street
121	MOMA Expansion
122	Austrian Cultural Forum
123	Apple Store 5th Avenue
124	Louis Vuitton Store
125	LVMH Tower
126	432 Park Avenue
127	425 Park Avenue
128	Bloomberg Tower
129	Aalto 57
130	441 East 57th Street

MAP 7

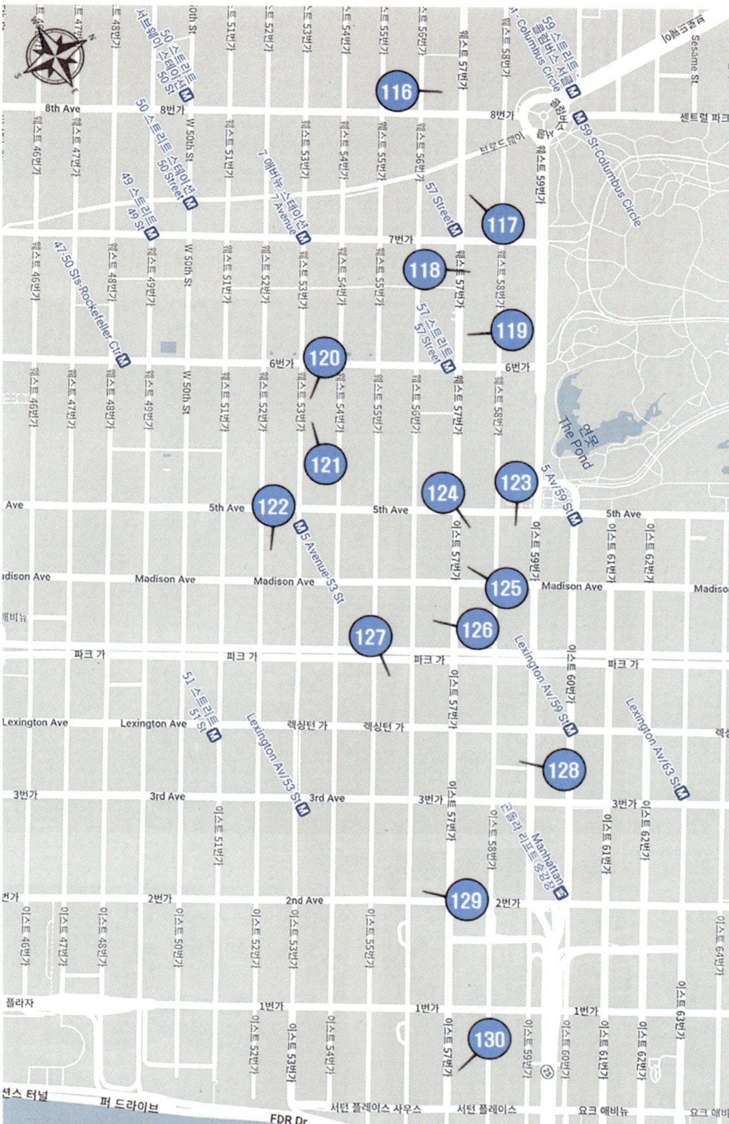
116
117
118
119
120
121
122
123
124
125
126
127
128
129
130
8th Ave
8번가
7번가
6번가
5th Ave
Madison Ave
파크 가
Lexington Ave
렉싱턴 가
3번가
3rd Ave
2번가
2nd Ave
1번가
FDR Dr
퍼 드라이브
서턴 플레이스
서턴 플레이스 사우스
요크 애비뉴
센트럴 파크
브로드웨이
The Pond
연못
57 Street
5 Av/59 St
5 Avenue-53 St
Lexington Av/59 St
Lexington Av/53 St
Lexington Av/63 St
59 St-Columbus Circle
47-50 Sts-Rockefeller Ctr
49 St
50 Street
51 St
7 Avenue
Sesame St

113 VIA 57 West

건 축 가: Bjarke Ingels Group (BIG)

위　　치: 625 West 57th Street

준공연도: 2016

특　　징: 덴마크 BIG의 뉴욕 첫 작품으로 맨하튼 서부의 랜드마크. 35층 700세대의 임대아파트로 6,000개의 이중 곡선형 스테인레스스틸 외장패널로 구성. ㄷ자형으로 둘러싸인 중정과 함께 남쪽을 향한 테라스 구성 및 중정을 향한 톱니모양의 발코니 특징. 하부 3개의 모서리로부터 북동쪽의 35층(142m) 꼭지점으로 모이는 쌍곡선의 포물면으로 구성되어 뒤틀린 피라미드모습 연출.

114 Mercedes House

건 축 가: Enrique Norten of Ten Arquitectos

위　　치: 550 West 54th Street

준공연도: 2012

특　　징: S자 형태의 상향형 계단식 주거(27층)로 최고점이 100m에 이름. 맨하튼 크루즈터미널과 직접 면하고 있어 테라스가 유람선의 갑판같은 이미지. 기단부는 벤츠 자동차매장이며 지하 서비스 층에는 헬스장과 소매상점이 있고, 정원의 남쪽에는 옥외 풀장이 북쪽으로는 운동을 위한 코트들이 구성됨.

115 The Dillon

건 축 가: Smith-Miller + Hawkinson Architects

위 치: 405 West 53rd Street, between 9th and 10th Avenue

준공연도: 2010

특 징: 유리타워가 주거디자인의 주 추세인 점에 대응한 톱니모양의 타운하우스. 7개 층에 플랫, 듀플렉스, 펜트하우스 등 83개의 유닛이 혼합되어 구성. 돌출된 톱니모양의 유리외관은 가로변의 더 많은 조망을 확보키 위한 디자인.

116 Hearst Tower

건 축 가: Foster + Partners

위 치: 300 West 57th Street

준공연도: 2006

특 징: 1929년 '조셉어반'이 설계한 6층 '아르데코' 석조건축물을 보존하며 그 기단 위에 대비적인 강철구조의 다이아그리드 외관을 적용한 46층 빌딩. 다이아 그리드는 4면을 연결하는데 삼각트러스 시스템을 활용하여 매우 효율적인 튜브 구조시스템을 창안해서 적은 구조물로 더욱 안정된 건축물을 조성함.

117 Central Park Tower

건 축 가: Adrian Smith + Gordon Grill Architecture (AS + GG)

위 치: 217 West 57th Street

준공연도: 2020

특 징: 427m 높이로 1-WTC건물 다음으로 맨하튼에서 2번째 높은 건물. 저층부는 뉴욕시의 1번째 '노드스트롬' 백화점이 유치됨. 61m높이에서 시작되는 8m 깊이의 돌출 캔틸레버로 타워의 무게중심을 동쪽으로 이동시키며 '센트럴파크'쪽 전망을 다소 확보하려고 시도한 디자인이 특징.

118 One57

건 축 가: Christian de Portzamparc

위 치: 157 West 57th Street

준공연도: 2014

특 징: 높이 306m 75층 규모로 210개의 객실을 보유한 '파크 하이얏트'호텔과 132개의 콘도미니엄을 보유. 각진 곡선형 정점과 부분별로 작은 곡선으로 셋백된 매스로 조합된 유리 타워는 파란색 가는 세로줄 무늬로 표현되며 '포스트모던'한 구식 외관 적용. 2012년 1억 달러의 펜트하우스 분양기록.

119 111 West 57th Street

건 축 가: SHoP Architects

위 치: 111 West 57th Street

준공연도: 2020

특 징: 82층 (폭 18m, 높이 435m) 주거용 빌딩. 건물폭 대 높이의 비율이 1:24정도로 얇아지는 깃털모양의 형상. 건물 꼭대기와 최상층 콘도간의 간격이 91m로 그 사이 공간을 800톤의 튜닝된 질량댐퍼로 채워 건물을 횡력으로 부터 안전하도록 설계. 건물의 외관은 테라코타, 청동 및 유리로 마감된 일련의 수직밴드로 처리하고 북쪽면의 유리 커튼월은 '센트럴 파크'의 전망을 최대 확보함.

120 53 West 53rd Street

건 축 가: Jean Nouvel with Adamson Associates and SLCE Architects

위　　치: 53 West 53rd Street, Midtown

준공연도: 2019

특　　징: 여러 개의 타워가 조합된 건축물로 최고점이 320m인 73층의 콘도미니엄. 타워의 경사도는 강한 풍하중을 견디도록 노출구조 시스템으로 설계됨. 초기엔 381m로 계획되었으나 '센트럴파크'에 생길 그림자와 주변 고층건물과의 부조화를 우려한 도시계획위원회의 거부로 61m축소됨. 저층부는 옆 MOMA의 전시공간과 연계 (2,4,5층 갤러리와 연결되어 3,700㎡의 추가 공간 확보)

121 MOMA Expansion

건 축 가: Yoshio Taniguchi with KPF

위 치: 11 West 53rd Street, Midtown

준공연도: 2004

특 징: 기존 미술관 전시공간을 2배로 확장함. 조각공원 양쪽에 2개의 건물을 추가하여 서쪽에는 갤러리, 동쪽에는 연구 및 강의실과 기타 교육공간 등을 추가하고 조각공원의 셋째 면을 수정하여 평평한 유리커튼월로 대체함. 길게 뻗은 흰색 벽, 정원 및 아트리움을 중심으로 '미니멀리즘'의 디자인을 표현함.

122 Austrian Cultural Forum

건 축 가: Atelier Raimund Abraham

위 치: 11 East 52nd Street, between 5th and Madison Avenue

준공연도: 2002

특 징: 1992년 오스트리아 문화연구소 신축을 위한 국제현상설계 공모전에서 오스트리아 출신 건축가 226명의 출품작 중 당선작으로 뒤쪽 계단의 기발한 배치와 인상적인 전면성이 부각. 폭 7.5m에 24층 건물로 얼굴모습과 같은 전면에 철판과 유리로 된 기울어진 면들은 칼날처럼 날카로워 단두대에 비유되기도 함. 파사드는 위로 올라갈수록 경사지어져 뒤로 기울어지는 모습.

123 Apple Store 5th Avenue

건 축 가: Bohlin Cywinski Jackson + Foster

위 치: 767 5th Avenue,

준공연도: 2011, 2018

특 징: 50층 제너럴모터스 사옥 앞 광장 위에 자리 잡은 9.8m폭의 유리입방체로 지하 애플매장으로 유도하는 입구 포털이자 아이콘역할. 유리패널, 유리핀과 유리빔 등 일체화된 유리로만 구성된 기술적 산출물. 구조적 강화유리로 된 나선형계단과 원통형 유리엘리베이터로 구성된 이 투명형 유리박스는 무의 구조를 확실하게 표현하여 애플의 완벽주의 미학을 추구한 디자인으로 평가.

124 Louis Vuitton Store

건 축 가: Jun Aoki

위 치: 1 East 57th Street, at 5th Avenue

준공연도: 2004

특 징: '루이비통'매장전문 일본건축가 작품으로 1930년 '아르데코'석조건물인 뉴욕트러스트 본사건물의 외관변형. 우유빛 흰 글래스로 하부 4개층과 함께 코너 6개층을 감싼 디자인. 체크패턴의 기존건물에 베일을 씌운 흥미로운 입면.

125 LVMH Tower

건 축 가: Christian de Portzamparc
위 치: 19 East 57th Street, Midtown
준공연도: 1999
특 징: '루이비통'그룹의 북미본사가 있는 24층 건물로 저층부는 '디올'매장이 입점 상부 커튼월의 계단식 접힌 면들이 마치 비대칭형 보석처럼 보이는 매력.

126 432 Park Avenue

건 축 가: Rafael Vinoly

위　　치: 432 Park Avenue, Midtown

준공연도: 2016

특　　징: 96층(높이 425m)의 주거타워. 오스트리아 건축가 '요셉호프만'의 휴지통 디자인을 모티브로 한 컨셉. 폭:높이의 비율이 1:15로 가는 막대기 형태에 연속적 콘크리트와 유리의 격자패턴 디자인 (3m의 정사각형 창문과 4.75m의 높은 층고). 건물 중간중간 옥외로 노출된 7개의 코아 공간(풍압처리 및 구조적 안정성 목적)에 의해 분리된 독립적 건물매스들이 적층된 조합의 구성.

127 425 Park Avenue

건 축 가: Norman Foster
위 치: 425 Park Avenue
준공연도: 2022
특 징: 오피스 빌딩으로 기단부터 4개 매스의 분절을 통해 상부로 가늘어지는 형태. 유리커튼월에 수직 메탈멀리온이 분절부분에서 삼각형 형태로 접히며 상승함.

128 Bloomberg Tower

건 축 가: Cesar Pelli of Pelli Clarke Pelli Architects

위　　치: 731 Lexington Avenue, Midtown

준공연도: 2005

특　　징: 55층 (높이 246m)으로 101세대의 콘도미니엄을 지닌 주상복합빌딩. 'ㅂ 컨 코트'라 불리는 6층에 걸쳐 형성된 아트리움이 특징. 평면은 타원형이나 모습은 원뿔형인 중앙부 코트는 여러 출입구를 지니며 옥외 공공공간을 제공.

129 Aalto 57

건 축 가: Skidmore, Owings & Merrill (SOM)

위 치: 1065 Second Avenue

준공연도: 2017

특 징: '알바알토'의 '로저더피' 영향. 65층으로 12층 마다 위치한 2개 층의 개구부 (풍압과 설비적 목적)가 특징. 얇게 파인 곡선형 유리벽면 베이창의 높이가 213m에 달해 유리꽃병을 연상케 함. 어두운색의 유리와 금속패널 사용.

130 441 East 57th Street

건 축 가: Flank

위 치: 441 East 57th Street

준공연도: 2009

특 징: 벽돌건축물 사이 대비되는 15층의 주거용 유리건축물. 퍼즐과 같은 패턴으로 투명유리와 흰색의 다공성 섬유유리패널로 구성된 파사드. 몬드리안 구성 및 '꼬르뷰제'의 이중체 맞물림 등과 같은 유럽 '모더니즘'디자인의 적용

MANHATTAN

7. Roosevelt Island

131	The House at Cornell Tech
132	Emma and Georgiana Bloomberg Center
133	Tata Innovation Center
134	Franklin D. Roosevelt Four Freedoms Park Memorial

MAP 8

131
132
133
134
루스벨트 섬
Roosevelt Island
웨스트 채널
West Channel
이스트 채널
East Channel
이스트 강
루스벨트 섬 서브웨이 스테이션
Roosevelt Island
Roosevelt Island 곤돌라 리프트 승강장
Manhattan 곤돌라 리프트 승강장
Lexington Av/63 St
에프 디 알 드라이브
FDR Dr
루스벨트 아일랜드 리프
Roosevelt Island Reef
벨몬트 섬
Belmont Island
퀸즈 미드타운 터널
유나이티드 네이션스 터널
일레븐쓰 스트리트 베이슨
Eleventh Street Basin
코트 스퀘어-23 스트리트 스테이션
Court Square-23 St
21 스트리트
21 St
Vernon Blvd - Jackson Av
헌터스 포인트 애버뉴
Hunters Point Avenue
Long Island City
Vernon Blvd
메인 스트리트
노스 루프 로드
웨스트 루프 로드
이스트 루프 로드
이스트 로드
로드 3
44th 드라이브
43rd 로드
45th 로드
47th 로드

131 The House at Cornell Tech

건 축 가: Handel Architects
위 치: 1 East Loop Road
준공연도: 2017
특 징: 커넬대 학생 및 교직원을 위한 352가구의 26층 아파트. 에너지효율과 쾌적함을 지향한 세계에서 가장 높은 효율을 자랑하는 패시브 하우스. 3중 유리로 된 창문과 '초단열 담요'로 묘사될 정도의 대형 조립식 외벽패널로 구성.

132 Emma and Georgiana Bloomberg Center

건 축 가: Morphosis
위 치: 2 West Loop Road
준공연도: 2017
특 징: 1,400개 이상의 P.V패널이 4층 지붕 위에 떠있는 구조. 상부 캐노피는 건물 외형자체의 독창적 표현을 넘어 net-zero를 달성하기 위한 태양열패널 기능 역할. 또한 net-zero를 지향하며 지열시스템, 스마트빌딩 기술 등을 적용한 건물. 커넬대에 1억 달러를 기부한 전 뉴욕시장 자녀들의 이름을 딴 건물명.

133 Tata Innovation Center

건 축 가: Weiss/ Manfredi

위 치: 11 East Loop Road

준공연도: 2017

특 징: 'Leed Gold' 건물의 1/3은 학생용이고 나머지는 산학관련 기업들에게 제공. 남쪽을 향한 중앙의 각진 유리벽 뒤의 오픈플랜 스튜디오를 틈새로 양쪽에 연구실 및 사무실을 보유한 2개의 날개로 구성. 정면을 가로지른 대형 돌출부는 대각선 멀리언으로 쓰여진 트러스로 지지됨. 건물 상부에 떠있는 캐노피는 옥상 테라스의 차양인 동시에 에너지 net-zero를 위한 P.V패널의 지지 기능.

134 Franklin D. Roosevelt Four Freedoms Park Memorial

건 축 가: Louis Kahn (1974) Mitchell / Giurgola Architects executive architect

위 치: Southern tip of Roosevelt Island

준공연도: 2012

특 징: 미 32대 대통령을 추모하기 위한 기념공원으로 정원 및 조형공간으로 조성. 입구에서 30m폭의 계단을 올라가면 잔디밭이 나타나고 정면방향으로 106m 떨어진 정원의 중심 끝에 3.6m의 화강석 벽에 1.82m의 흉상이 설치된 공간이 존재. 잔디밭 양쪽에 각 2열씩 30주의 나무(총 120주)와 함께 자갈길로 된 열주가 조성되고 내려가는 경사로를 통해 조형공간으로 접근하도록 유도함.

MANHATTAN

8. Uptown (Columbus Circle Area)

MAP 9

143
142
141
140
139
138
137
136
135
79 St
72 세인트
72 St
72 스트리트 스테이션
72 St
66 스트리트 · 링컨 센터
66 St · Lincoln Center
59 스트리트 · 콜럼버스 서클
59 St · Columbus Circle
59 St-Columbus Circle
57 Street
57 스트리트
57 Street
7 애버뉴 스테이션
7 Avenue
50 스트리트 서브웨이 스테이션
50 St
50 스트리트 스테이션
50 Street
49 스트리트
헨리 허드슨 파크웨이
리버사이드 대로
프리덤 플레이스
Broadway
브로드웨이
암스테르담 애버뉴
웨스트 엔드 애버뉴
콜럼버스 애버뉴
Columbus Ave
센트럴 파크 웨스트
Sesame St
9th Ave
5th Ave
연못
The Pond

135 Museum of Arts & Design

건 축 가: Brad Clopepfil of Allied Works Architecture with Handel Architects

위 치: 2 Columbus Circle

준공연도: 2008

특 징: 국제현상설계 당선작품으로 기존 10층의 전통적 대리석 건물을 보존하며 12층으로 리모델링한 미술관. 테라코타 타일의 외장에 0.6m 폭의 연속적인 투명유리창이 바닥, 벽, 천정을 리본처럼 건물을 감싸고 상부의 H자형 넓은 창문('콜럼버스 써클'과 '센트럴파크' 전망의 레스토랑)으로 강조하며 마감.

136 Time Warner Center

건 축 가: David Childs of Skidmore, Owings & Merrill (SOM)

위 치: 10 Columbus Circle

준공연도: 2003

특 징: 55층 복합용도의 쌍둥이 건물 (쇼핑몰, 슈퍼마켓, 식당, 체육관, 스파, 호텔, 주거용 콘도 등)로 도심 속 또 다른 도시를 구현함. 각진 2타워 사이 역동적인 중심의 개구부가 쎈트럴 파크의 남동쪽과 축을 이루어 써클과 함께 강한 시야를 열어주는 특징. '비놀리'작품 CNN TV스튜디오와 지하철역도 내포함.

137 15 Central Park West

건 축 가: Robert A.M. Stern Architects (RAMSA)

위 치: 15 Central Park West

준공연도: 2008

특 징: 석회암으로 구성된 2건물 사이의 공간에 200세대의 콘도미니엄을 위한 정원, 공용공간과 구리지붕 입구 등을 제공. 주거 트랜드인 유리커튼월에 상응하여 대형창문과 베이창문으로 구성된 석조건축으로 해석하여 디자인. '브로드웨이'나 '콜럼비아써클'보다는 '센트럴파크'의 전망을 우선시 한 타워방향의 설정.

138 Lincoln Center Redevelopment

건 축 가: Diller Scofidio + Renfro (DS+R)

위 치: Lincoln Center Plaza, Lincoln Center

준공연도: 2011

특 징: 43에이커에 달하는 링컨센터의 재개발로 오래전 건설된 3건물을 기본으로 주변 광장이나 연계시설들에 대한 대대적 증개축. '콜럼버스대로'로부터 진입하는 LED계단, 유리캐노피 입구, 분수 리모델링, 하이퍼 파빌리온, 허스트플라자, 극장, 쥴리어드 음대와의 연결 브릿지 등 전반적인 변화로 새 활력.

139 Laurie M. Tisch Illumination Lawn

건 축 가: Diller Scofidio + Renfro(DS+R) with Fxfowle Architects
위 치: 10 Lincoln Center Plaza, Lincoln Center
준공연도: 2010
특 징: 2개의 포물선으로 이루어진 쌍곡포물선이 만든 곡면 지붕을 가리켜 '하이퍼 파빌리온'(Hypar Pvilion)이라 명했었음. 평면상 직사각형 모양은 말안장의 형태로 인공동산을 조성하여 흥미로운 휴게공간을 제공함 .광장 레벨에서 접근 가능한 하부공간은 레스토랑으로서 유리벽을 통해 다이닝과 주방이 노출.

140 Alice Tully Hall and Juilliard School

건 축 가: Diller Scofidio + Renfro with FXFOWLE Architects

위 치: 1941 Broadway, Lincoln Center

준공연도: 2009

특 징: 링컨쎈터 재개발의 일환으로 쥴리아드 음대 상부 3개층이 덮고 있는 코너의 삼각형캐노피 노천극장은 '상어의 열린 입'으로, 콘크리트 객석은 '상어이빨'로 묘사됨. 이 하부를 유리커튼월로 감싸서 입구로비와 매표소, 카페 등을 거리 외부와 연계시킨 디자인. 강당의 재료변화 등 각종시설의 변화도 포함.

141 Apple Upper West Side

건 축 가: Bohlin Cywinski Jackson

위 치: 1981 Broadway

준공연도: 2009

특 징: 맨하튼에 있는 7개의 애플매장 중 건물자체의 특허로 유명.(다른 곳은 유리 원형계단의 특허) 2011년 '스티브잡스'는 이 건물 자체의 외관디자인 장식에 대한 특허를 출원. 수직 유리멀리언 구조로 지탱되는 12.2m의 유리벽, 유리 천정, 넓은 공간을 차지하는 돌담벽, 지하의 상품배치가 인상적인 디자인.

142 170 Amsterdam

건 축 가: Handel Architects

위 치: 170 Amsterdam

준공연도: 2015

특 징: 20층, 236세대의 고급형 주거. 좁은 대지위에서 세대별 단위공간의 바닥면적을 좀 더 확보하기 위해 구조체 골조를 외부로 노출시킨 계획. 콘크리트 'ㄷ-이아그리드 외골격구조'는 건축물의 역동적인 외관을 표현. 기둥의 교차점이 베이당 한층 씩 상승하여 '다이아그리드'가 기울어지는 착시현상을 줌.

143 Lincoln Square Synagogue

건 축 가: Cetraruddy

위 치: 180 Amsterdam Avenue

준공연도: 2014

특 징: 유대교 성서인 '토라'의 5권 책을 형상화시키기 위해 파사드에 5개의 곡선형 수평 유리띠를 도입한 회당. 양쪽 석재 매스는 책꽂이를 의미하고 '라미네이트' 된 청동색 유리는 전통 숄의 재질감을 연상케 함. 밤에 유리가 랜턴처럼 빛날 때 영적인 의미의 느낌으로 변하는 흙빛의 줄무늬가 표현되는 특징 .

MANHATTAN

9. Upper Manhattan

144	Roy and Diana Vagelos Education Center
145	Sugar Hill Development
146	City College Spitzer School of Architecture
147	CUNY Advanced Science Reserch Center
148	Lenfest Center for the Arts
149	Jerome L. Greene Science Center
150	The Forum
151	Northwest Corner Building
152	Barnard College, The Diana Center
153	The Milstein Center
154	Lerner Hall Student Center
155	The Reece School

MAP 10

175 스트리트 스테이션
175 St
웨스트 173번가
웨스트 170번가
144
163 스트리트 서브웨이 스테이션
163 Street Subway
웨스트 162번가
145
쿠간스 블러프
Coogan's Bluff
137 St - City College
웨스트 136번가
웨스트 135번가
웨스트 134번가
웨스트 133번가
웨스트 131번가
웨스트 130번가
웨스트 125번가
Broadway
Henry Hudson Pkwy
135 스트리트
135 Street
146
147
148
149
150
125 스트리트 스테이션
125 Street
Riverside Dr
리버사이드 드라이브 바이덕
암스테르담 애비뉴
마틴 루터 킹 대로
웨스트 129번가
웨스트 128번가
웨스트 127번가
웨스트 126번가
St Nicholas Ave
W 123rd St
웨스트 122번가
웨스트 121번가
웨스트 120번가
151
152
153
125 St
모닝사이드 애비뉴
모닝사이드 드라이브
Amsterdam Ave
웨스트 119번가
웨스트 118번가
웨스트 124번가
Frederick Douglass Blvd
Adam Clayton Powell Jr Blvd
닥터 마틴 루터 킹 주니어 대로
116 스트리트 스테이션 - 콜럼비아 유니버시티
116 Street Station - Columbia University
154
웨스트 116번가
웨스트 115번가
웨스트 114번가
웨스트 113번가
웨스트 112번가
웨스트 111번가
웨스트 110번가
웨스트 109번가
웨스트 108번가
웨스트 107번가
웨스트 106번가
116 St
Manhattan Ave
Cathedral Pkwy (110 St)
이스트 106번가
5th Ave
Madison Ave
이스트 102번가
155

144 Roy and Diana Vagelos Education Center

건 축 가: Diller Scofidio + Renfro (DS+R)

위　　치: 104 Haven Avenue

준공연도: 2016

특　　징: 14층의 컬럼비아대학 의료쎈터(CUMC). GFRC(유리섬유 강화콘크리트)와 투명유리로 된 외관 속 내부공간들이 연속적인 계단식연결로 구성된 획기적인 디자인. 층간 수직적으로 분리된 학업공간들을 연결하는 연속적인 계단들은 공간적으로 상호교류하고 협업할 수 있는 네트워크를 효과적으로 유도함. '허드슨' 강과 '조지워싱턴 브릿지'의 경관을 위한 테라스들의 디자인도 특징.

145 Sugar Hill Development

건 축 가: David Adjaye of Adjaye Associates with SLCE Architects

위 치: 400 West 155th Street, Washington Heights

준공연도: 2014

특 징: 시각적, 프로그래밍 적으로 새로운 유형을 제공한 13층의 주상 복합건물. 노숙자들을 위한 과도기형 아파트, 유아원, 저가 공동주택 등을 위한 개발. 거리 측면에서 건물의 위압감을 덜기 위해 9층에서의 후퇴, 3m폭의 계단식 셋백, 캔틸레버 적용, 불규칙한 창문과 P.C판넬(면처리 디자인)을 사용한 특징.

146 City College Spitzer School of Architecture

건 축 가: Rafael Vinoly

위 치: 141 Convent Ave.

준공연도: 2009

특 징: 건물 중앙의 바닥에서 지붕까지 큰 사각형 구멍을 뚫어 아트리움을 만들고 그 공간 내에 철제계단과 연결 브릿지들이 상호 교차하는 공간적 흥미를 부여함. 야외노천극장에 노란색 컬러 도입과 내부의 노란색 천정모습이 특징.

147 CUNY Advanced Science Reserch Center

건 축 가: Kohn Pedersen Fox Associates.(KPF)

위 치: West 130th and 135th Street

준공연도: 2015

특 징: 연면적 18,580㎡의 뉴욕 시립대학의 첨단과학 연구쎈터로 나노기술, 신경과학, 포토믹스 및 기타 전문분야를 위한 연구시설 제공. 곡선처리 된 부드러운 중정의 모습과 연속적인 수직 멀리언으로 구성된 유리커튼월의 곡선미.

148 Lenfest Center for the Arts

건 축 가: RPBW
위 치: 615 West 129th Street
준공연도: 2017
특 징: 컬럼비아대학의 학생작품 등을 전시하는 Wallach Art Gallery와 영화감상실, 공연장 등을 갖춘 문화시설로 밝은 회색의 메탈 판넬과 얇은 수직창문들의 연속적인 리듬을 적용함. 캔틸레버로 돌출된 측면공간과 노출된 철골기둥의 도입은 필요한 내부 공간들을 확장 가능하도록 해주는 역할을 부여함.

149 Jerome L. Greene Science Center

건 축 가: Renzo Piano Building Workshop (RPBW)

위 치: 3227 Broadway

준공연도: 2017

특 징: 9층 규모의 컬럼비아대학 그린과학쎈터로 저층부는 상가, 교육쎈터, 지역주민을 위한 무료복지쎈터와 로비가 있고 상부는 7개 층의 실험실로 구성. 2중 레이어 유리는 주변 철도의 소음과 직사광선을 차단하는 효과. 4방에 걸쳐 연구실들이 구성되며 남북 교차축은 동선이동을 전담하고 동서로 회의실과 휴식공간. 최상층에는 강의실과 파노라마 조망이 가능한 루프테라스 조성

150 The Forum

건 축 가: RPBW
위 치: 605 West 125th Street
준공연도: 2018
특 징: 컬럼비아대학의 커뮤니케이션 빌딩으로 강당, 회의실, 사무실, 모임공간으로 구성된 시설. 섬모양의 삼각형 대지위에 투명유리와 P.C로 마감되고 테라스, 노출계단 등 조형미를 강조한 관문역할. 1층에 정보센터, 카페, 소매점 조성.

151 Northwest Corner Building

건 축 가: Rafael Moneo with Moneo

위 치: 550 West 120th Street, Morningside Heights

준공연도: 2010

특 징: 14층의 컬럼비아대학 과학관으로 스페인건축가 '모네오'의 뉴욕 유일의 작품. 조용하면서도 거친 느낌의 체크형 입면으로 강철과 알루미늄의 프레임 그리드, 리브형 빗살, 루버로 채워지며 생동감 있는 파사드를 연출함. 캠퍼스와 거리사이에 10.5m의 간격을 두어 캠퍼스로 들어가는 새로운 관문을 형성. 빗살과루버의 방향은 건물의 불균형적 하중과 응력에 대응하며 형성되고 하부 처 육관(38m 농구코트 스팬)을 가로지르는 거대한 트러스에 의해 지지됨.

152 Barnard College, The Diana Center

건 축 가: Marion Weiss and Michael Manfredi of Weiss / Manfredi

위 치: 3009 Broadway between 116th and 120th Streets

준공연도: 2010

특 징: 사립 여자대학인 '버나드' 대학의 미술, 건축, 공연을 위한 6층의 교육시설. 500석 규모의 다목적홀, 100석 규모의 극장, 식당, 카페, 교무실 등을 보유. 수직열의 테라코타 컬러의 판넬과 유리커튼월로 조성된 '스텝 아트리움'이라 불리는 돌출된 유리계단과 플랫폼의 역동적인 매스구성이 특징.

153 The Milstein Center

건 축 가: Skidmore, Owings & Merrill (SOM)
위 치: 3009 Broadway
준공연도: 2018
특 징: '버나드'대학의 도서관, 컴퓨터 과학쎈터, 강의실, 회의실, 사무실, 카페 등을 보유한 교육시설. 투명유리로 된 계단형 저층부는 다수의 테라스가 조성되고 상부는 아연판넬에 수평창을 설치해 기존 건축물의 풍화된 표면을 반영한 디자인. 9층의 캔틸레버는 다이애나 쎈터를 향해 시각적으로 연계시킨 특징.

154 Lerner Hall Student Center

건 축 가: Bernard Tschumi with Gruzen Samton Architects

위 치: 2920 Broadway near 115th Street at Columbia University Campus

준공연도: 1999

특 징: 컬럼비아대학 학생회관으로 시각적으로는 3개의 다른 건물이 1개의 건물로 통합되도록 4층 규모의 유리박스 오픈아트리움이 그 중심역할을 하며 연결 역할. 커튼월박스 뒤 유리바닥 경사로는 다양한 용도로서의 개성표현을 하며 야간조명 시에도 효과적인 매개체 역할을 함. 학생간의 사회적 소통을 위해 수직적 교류공간을 조성하면서 기존 동, 서측의 역사적인 '보자르' 건축양식 의 맥락을 대비적인 철과 유리를 과감히 도입한 현대적인 경사로로 구성함.

155 The Reece School

건 축 가: Platt Byard Dovell White

위 치: 25 East 104th Street, beetween Madison and 5th Avenue

준공연도: 2006

특 징: 사회적, 교육적 어려움에 있는 아이들을 위한 비영리 특수초등학교. 교사 대 학생비율이 1:6으로 비교적 여유로운 공간(28㎡). 5층 중 4개층의 교실 면은 벽돌전면에 돌출된 유리커튼월 철골캐노피로 표현됨. 추상적인 예술처럼 오렌지, 보라, 녹색으로 장식된 유리는 흥미를 주며, 통풍용 루버를 적절히 디자인요소로 사용하면서 수직으로 평행되게 노출된 철골은 입구부분을 강조.

Brooklyn

1. North

156	Newtown Creek Wastewater Treatment Plant
157	The Pencil Factory
158	25 Kent
159	The William Vale
160	Wythe Hotel
161	The Williamsburg Hotel
162	Carroll House
163	Community & Parents Day Care
164	Domino Park

MAP 11

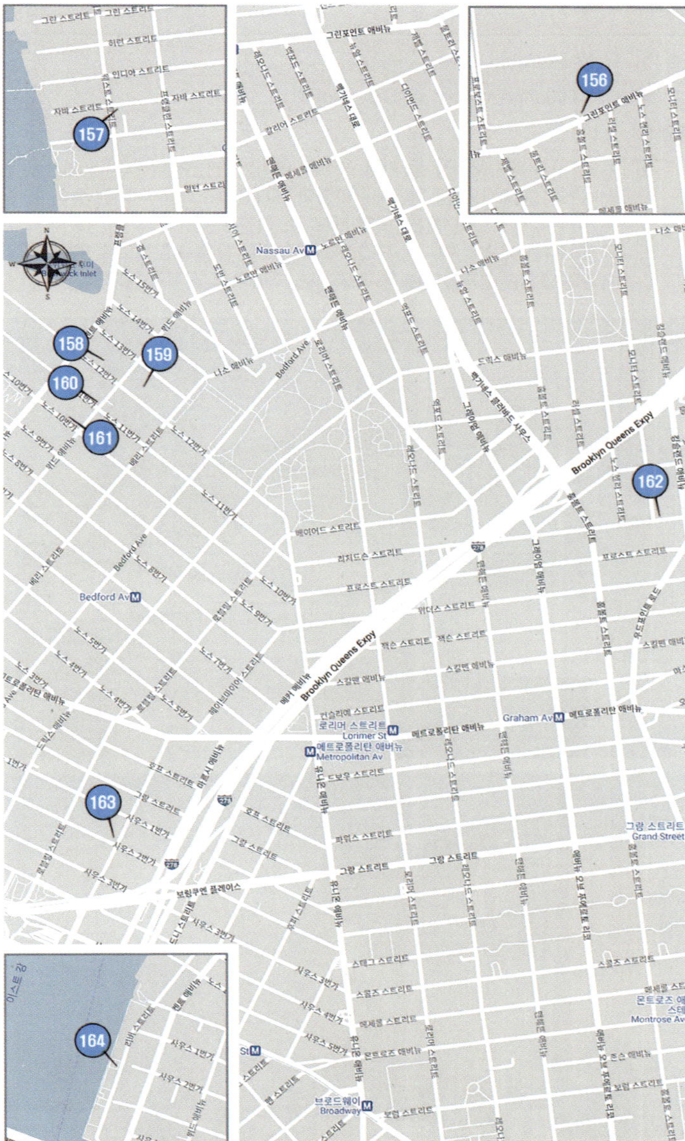
156
157
158
159
160
161
162
163
164
그린포인트 애비뉴
맥기네스 대로
Nassau Av
Bedford Ave
Bedford Av
Brooklyn Queens Expy
베이어드 스트리트
리처드슨 스트리트
프로스트 스트리트
위더스 스트리트
잭슨 스트리트
스컬멘 애비뉴
메트로폴리탄 애비뉴
Graham Av
로리머 스트리트
Lorimer St
메트로폴리탄 애비뉴
Metropolitan Av
그랑 스트리트
Grand Street
보링쿠엔 플레이스
몬트로즈 애비뉴
Montrose Aven
브로드웨이
Broadway

156 Newtown Creek Wastewater Treatment Plant

건 축 가: Polshek Partnership

위 치: 329 Greenpoint Avenue, Greenpoint

준공연도: 2010

특 징: 뉴욕 14개 폐수처리장 중 가장 크며(53에이커) 인근지역 백만명 이상을 위한 서비스시설. 8개의 첨단형 계란모양의 스테인레스스틸 처리장(높이:42m)은 '브루클린, 퀸스브릿지'를 건너면서도 주, 야간으로 시각적 흥미를 제공. 비록 공장이지만 예술적 디자인 요소를 의무적으로 담은 프로젝트로 3명의 지역예술가와 협업한 결과물(물활용, 조명기능, 조각요소, 산책로 등의 적용)

157 The Pencil Factory

건 축 가: Daniel Goldner Architects

위 치: 122 West Street, at Kent Street

준공연도: 2010

특 징: 과거 공장지대의 재개발 사업의 하나인 5층 주거디자인. 주변 벽돌마감 창고들의 맥락을 고려하여 벽돌의 다양한 컬러들을 서로 엇갈리게 배치한 색상의 패널로 표현됨. 상부엔 다소 하부와 단절된 느낌이 있는 8개의 펜트하우스가 흰색 돌출프레임 창으로 부각된 점이 특징. 이는 옛 공장건물과 신축 건물을 맥락적으로 연결시켜 주기 위한 반복적 요소로 반영되어 건축.

158 25 Kent

건 축 가: Hollwich Kushner & Gensler

위 치: 25 Kent

준공연도: 2019

특 징: 북 '윌리엄스버그' 상업특성화지역에 건설된 첫 번째 프로젝트. 7개 층의 가변형 사무실과 전체의 20%를 상업시설에 할애하는 새로운 형태의 블록개발 프로젝트. 벽돌을 사용하여 산업형 이미지의 미관을 제공하는 반면 유리로 대비를 준 중간부분은 쇼핑몰로서 '부시윅 공원'으로 연결하도록 디자인 됨.

159 The William Vale

건 축 가: Albo Liberis

위 치: 111North 12th Street

준공연도: 2016

특 징: 주변 공장지구 내에 건설된 22층의 호텔 (183개의 객실)로 소형이나 새로운 랜드마크. 오래된 급수탑의 이미지를 반영하며 표현된 대각선 가새 모양의 기둥이 특징. 양쪽 보행자도로에 접한 2개의 저층 구조물에 걸쳐 있고 서쪽엔 상가와 동쪽엔 주차장이 형성되고 옥상조경 등 공공공간도 제공.

160 Wythe Hotel

건 축 가: Morris Adjmi Architects

위 치: 80 Whthe Avenue

준공연도: 2012

특 징: 오래된 5층의 섬유공장을 리모델링한 호텔(72개 객실)로 유리벽체의 4개층 증축과 함께 신, 구의 혼합을 통해 특화된 리모델링. 법적 허용한도 내에서 공장의 서쪽 끝을 잘라내고 새로운 커튼월로 커버처리. 호텔 간판과 어울리는 맞춤형 입구는 과거 배럴통을 들어 올리던 모서리공간을 활용한 디자인. 신축된 루푸탑 바는 새로운 명소로 관광객 및 맨하튼 시민을 유도함.

161 The Williamsburg Hotel

건 축 가: Michaelis Boyd Associates

위 치: 96 Wythe Avenue

준공연도: 2017

특 징: 건축적으로 다양한 요소를 지닌 호텔. 동, 서측의 얇고 긴 평면에 북쪽을 향한 연속적인 발코니, 남쪽의 cor-ten 강철 파사드, 호텔 간판을 양각으로 표시한 벽돌벽, 상부 모서리 쪽의 물탱크 등 복합적 요소들의 집합체. 테라스, 지하 bar, 서쪽 끝 대형 연회장 등의 부대시설과 유리바닥으로 된 옥상 물탱크 bar의 독특한 인테리어 속에서 내려다보는 전망 등이 특징.

162 Carroll House

건 축 가: Ada Tolla and Giuseppe Lignano of LOT-EK

위 치: 2 Monitor Street, coner of Richardson Street, East Williamsburg

준공연도: 2016

특 징: 이태리출신 건축가들이 컨테이너를 활용한 실험적 건축으로 내, 외부 사이의 상호작용에 대한 파격적인 방법을 연구한 개념 중심적 형태의 집. 대지에 맞게 21개의 컨테이너를 쌓고 절단하여 조성. 상단에서 하단까지 강한 대각선으로 표현하고 상단의 절단부는 대형유리로 마감해 빛과 환기 고려.

163 Community & Parents Day Care

건 축 가: Beckhard Richlan Szerbaty Associates Architects

위 치: 243 S 2nd Street

준공연도: 2005

특 징: 빨간색, 녹색, 파란색, 노란색의 원색적 유리벽돌 체크보드로 표현된 탁아소. 그림 같은 채색면에 확연한 창문들이 교차하며 충분한 일사량이 교실로 유입. 나름 자그마한 놀이터가 전면에 있어 거리에서 아이들의 역동적 모습을 엿볼수 있음. 놀이터 구석의 '모세로스'의 'Mi Castia'(나의 작은집)조각품이 전시.

164 Domino Park

건 축 가: James Corner Field Operations

위　　치: 15 River Street

준공연도: 2018

특　　징: 옛 '도미노'설탕 정제소 부지(5에이커)에 조성된 공공공원. 4개의 시럽 저장탱크를 포함하여 다양한 공장의 장비들이 전시됨. 어린이 놀이터, 펫 공원, 배구코트, 보체코트, 경기장 등이 조성되어 있고 정제공장의 내부와 유사하게 끔 디자인된 고가 산책로는 크레인 트랙과 함께 시각적 흥미를 부여함.

The William Vale

Brooklyn

2. Downtown

165	10 Jay Street
166	One John Street
167	205 Water Street
168	Dumbo Townhouses
169	Empire Stores
170	St. Ann's Warehouse
171	Jane's Carousel Pavilion
172	1 Hotel Brooklyn Bridge/Pierhouse
173	Squibb Park Bridge
174	New York City OEM
175	322 hicks Street
176	State Street Townhouse
177	Schermerhorn House
178	City Point Blooklyn
179	Toren
180	Slot House
181	Pitch Black
182	Myrtle Hall
183	Juliana Curran Terian Design Center Pavilion
184	Pratt Institute Higgins Hall

MAP 12

165
166
167
168
169
170
171
172
173
174
175
176
177
178
179
180
181
182
183
184
Manhattan Bridge
Brooklyn Bridge Blvd
Water St
프론트 스트리트
Furman St
올드 풀턴 스트리트
요크 스트리트
York St
Brooklyn Queens Expy
Hicks St
하이 스트리트-브루클린 브리지
High Street - Brooklyn Bridge
클라크 스트리트 서브웨이 스테이션
Clark St
틸러리 스트리트
코트 스트리트
Court Street
버로우 홀
Borough Hall
제이 스트리트-메트로텍 지하철역
Jay St - MetroTech
호이트 스트리트
Hoyt St
호이트-서머혼 지하철역
Hoyt-Schermerhorn
Hoyt Schermerhorn Streets
Livingston St
애틀랜틱 애비뉴
네빈스 스트리트
Nevins St
나소 스트리트
머틀 애비뉴
Myrtle Ave
윌로비 애비뉴
DeKalb Ave
Classon Av
클린턴-워싱턴 아베뉴스 스테이션
Clinton-Washington Avenues
라파예트 애비뉴
풀턴 스트리트

165 10 Jay Street

건 축 가: ODA New York
위 치: 10 Jay Street
준공연도: 2018
특 징: 옛 설탕 정제소 및 창고였던 건물을 리모델링하여 A급 사무실로 변모시킴. 'East'강을 바라보는 북쪽 파사드가 마치 크리스티탈 처럼 디자인되어 석조 건물을 감싸는 듯한 표현으로 '덤보'지역의 새로운 랜드마크로 부각.

166 One John Street

건 축 가: Alloy

위 치: 1 John Street

준공연도: 2016

특 징: 12층, 42세대의 아파트. 유리벽 뒤는 원형기둥의 구조가 수직상승하고 격자 창문들은 '맨하튼브릿지'의 소음차단과 채광조절을 위해 작게 디자인됨. 이는 고정창이 아닌 조금 열리는 프로젝트 창문으로 여기에 반사되는 강물과 '맨하튼브릿지'의 모습이 보행자들에게 흥미 부여. 덴마크산 수제벽돌 외장마감.

167 205 Water Street

건 축 가: S9 Architecture

위 치: 205 Water Street

준공연도: 2012

특 징: 67유닛의 콘도미니엄 보유. 노출콘크리트 상부 'cor-ten'강철 프레임으로 된 2층의 '펜트하우스'와 옆 건물의 맥락에 맞게 노출콘크리트 프레임으로 구성된 대형 창문이 특징. 옥상부분의 디자인은 인근 '맨하튼브릿지'에서 영감.

168 Dumbo Townhouses

건 축 가: Alloy

위 치: 55 Pearl Street

준공연도: 2015

특 징: 옛 창고를 리모델링한 5층의 타운하우스. 지하 굴착비용을 줄이고 공용공간(복도, 엘리베이터, 샤프트)을 줄이기 위해 층고를 낮춤. 1층의 '스테인레스 스틸' 및 목재'팔레트'사용과 상부의 섬유시멘트 수직 패널의 정열이 '파사드'를 부각시킴. 위로 좁아지는 수직형 창문은 길가에서의 프라이버시를 고려함

169 Empire Stores

건 축 가: Studio V Architecture & S9 Architecture

위 치: 53-84 Water Street

준공연도: 2017

특 징: 과거 커피 제조공장 부지에 37,161㎡에 달하는 블록의 재개발사업. 오피스, 상가, 식당, 문화, 공공 공간 등의 복합시설로 옛 구조물을 실용적 건축물로 변모시킴. 셔터로 장식된 아치형 개구부의 입면과 함께 블록의 중앙에 광장을 배치하여 건축적으로나 접근성 측면에서 보행자를 이끄는 창의적인 시도.

170 St. Ann's Warehouse

건 축 가: Marvel Arhitects

위 치: 45 Water Street

준공연도: 2015

특 징: 옛 담배 저장창고의 리모델링으로 700석 규모의 극장과 오피스, 지원공간 등으로 구성. 2개층 위에 합판과 유리벽체 마감으로 돌출된 상부는 주, 야간으로 활력을 줌. 벽돌벽 아치형 개구부와 X자 '타이로드'의 입면을 지닌 사각형 건물 옆 삼각형 안뜰은 명소로서 관객, 공공에게 편안한 휴식공간 제공

171 Jane's Carousel Pavilion

건 축 가: Jean Nouvel

위 치: Brooklyn Bridge Park, DUMBO

준공연도: 2011

특 징: 회전목마를 위한 박스형 닫힌 공간의 디자인. 1922년 '오하이오'주 '영스타운' 놀이공원 폐장 시 나온 경매품을 이전 설치. 4개의 원형기둥이 회전목마와 같은 크기의 원형 유리채광창 지붕을 지탱함. 유리가 아닌 아크릴로 제작된 고정벽과 폴딩도어는 날씨에 따라 개방의 유연성을 제공하기 위한 구상.

172 1 Hotel Brooklyn Bridge/ Pierhouse

건 축 가: Marvel Arhitects

위 치: 60-90 Furman Street

준공연도: 2017

특 징: 옛 창고부지 4개 블록의 재개발. 106유닛의 콘도건물과 194객실을 보유한 호텔이 서로 다른 입면구성으로 분리되고 그 사이의 터널이 전면도로와 후면공원을 연결하는 구조. 목재로 된 접힌 입구가 캐노피로 돌출되어 보행자를 공원으로 유도하고 호텔과 공원과의 경계를 모호하게 한 조경디자인. 유리커튼월 호텔바닥, 금속그릴의 차양막, 루프탑, 레스토랑, 카페 등의 디자인 특징

173 Squibb Park Bridge

건 축 가: HNTB/ARUP

위 치: Brooklyn Bridge Park

준공연도: 2013/2017

특 징: 브루클린의 '하이츠 산책로'와 '브릿지파크'(BBP)를 연결하는 보행자 다리로 산책로 북쪽 끝 '스퀴브 공원'에서부터 '피어1'의 가장자리까지 뻗어 있음. 보행자의 접근 편리성을 위해 경사로를 직선이 아닌 지그재그 형으로 몇 번 접은 형태. 역 서스펜션 구조 위 검은색 목재, 케이블 지지대로 구성됨.

174 New York City OEM

건 축 가: Swaynke Hayden Connell Architects

위 치: 165 Cadman Plaza East, between Tillary and Prospect Streets

준공연도: 2006

특 징: 9/11테러 이후 신축된 연면적 6,040㎡의 뉴욕 비상대책본부. 이탈리아 고전적 '파시즘'의 건축을 연상시키는 '파사드'. 128개의 석회암 판과 금속창으로 구성된 직사각형의 개방형 입면은 내부의 기능적 요구와 외부형태를 연결하는 방법으로 솔리드와 보이드의 균형기법을 적용하며 디자인됨.

175 322 Hicks Street

건 축 가: Smith-Miller + Hawkinson Architects
위　　치: 322 Hicks Street, between State Street & Atlantic Avenue
준공연도: 2006
특　　징: 5층 6세대의 콘도미니엄. 다양한 스타일로 구성된 이웃 건축물들의 다양성에서 착안하여 그 맥락을 변형적 입면으로 추구함. 각진 벽돌벽선과 사선형 창문 요소들은 일반적 거리의 모습에서 벗어난 흥미로운 파사드를 제공함

176 State Street Townhouse

건 축 가: Rogers Marvel Architects

위 치: 267 State Street

준공연도: 2006 / 2013

특 징: 타운 내 가장 선호하는 주거단지인 '브라운스톤 브루클린'지역에서 2단계에 걸쳐 완성된 개발(2006년 9채, 2013년 5채가 완성되어 14유닛). 역사적인 이웃들과 어울리는 지붕선으로 블록을 완성하고 1차 때의 디테일과는 다른 회색과 오렌지색의 조화 및 지하, 지상 출입구의 고저 변화를 시도한 점이 특징

177 Schermerhorn House

건 축 가: Ennead Architects

위 치: 160 Schermerhorn Street

준공연도: 2009

특 징: 노숙자 및 저소득층을 위한 민간개발사업의 아파트. 11층, 200채로 1/2이 노숙자, 나머지가 저소득 지역배우와 예술가들에게 배려. 1층은 무대전문가를 위한 서비스, 직업훈련, 기타서비스 시설배치. 지하철터널 바로 위에 위치해서 지하 기반시설 위 4개의 대형트러스 캔틸레버 구조로 설계. 수직정열의 투명 및 반투명유리의 파사드를 통해 채광, 환기, 프라이버시를 제공함.

178 City Point Blooklyn

건 축 가: Cook + Fox Architects

위 치: Albee Square & Dekalb Avenue

준공연도: 2013

특 징: '플톤스트릿 몰'에 인접한 '알비 스퀘어 몰' 부지 위 139,355㎡의 개발. 4층 건물의 '1-Dekalb'라는 이름의 프로젝트로 mall 코너의 랜드마크로 부각.

179 Toren

건 축 가: Skidmore, Owings & Merrill

위 치: 150 Myrtle Avenue, at Flatbush Avenue

준공연도: 2010

특 징: 타워를 뜻하는 네덜란드어 '토렌' 명칭. 삼각형부지의 코너를 강조하며 전체적으로 얼룩무늬의 '슈퍼그래픽' 파사드 구상. 38층으로 불규칙한 수직 줄무늬에 밝은 회색 알루미늄패널과 맑은색과 썬팅된 2종류의 색유리를 사용.

180 Slot House

건 축 가: Noroof Architects
위　　치: 134 Adelphi Architects
준공연도: 2005
특　　징: 도로로 부터 많이 셋백 된 독특한 그린요새 모습의 주택. 기존 주택을 완전 개조한 것으로 정원의 중심적 나무를 보존하며 계획된 주택. 이 높은 단풍나무를 고려한 2개 층 높이의 창문과 구멍 창 등이 나무와의 조화로운 소통.

181 Pitch Black

건 축 가: Adjaye Associates

위 치: 208 Vanderbilt Avenue

준공연도: 2006

특 징: 4층의 '클린턴 힐' 스튜디오 건축물. 외장재가 금속재료로 보이나 실제 촉감이 부드러운 '폴리프로필렌' 마감재 사용. 창은 밝은 색상의 패널이 어둡게 ('피치 블랙')보이도록 실크스크린으로 처리되어 앞과 옆면을 둘러싸고 있으나 스튜디오의 내부가 유리뒷면으로 보여질 수 있도록 되어있음.

182 Myrtle Hall

건 축 가: WASA / Studio A

위 치: 536 Myrtle Avenue, between Emerson Place and Hall Street

준공연도: 2010

특 징: Pratt Institute의 캠퍼스확장 계획의 하나로 인접도로인 '머틀대로'까지 접한 건물. 전, 후 2면이 완전 다른 구성으로 특정 패턴의 석조패널 벽과 적층형 창문으로 디자인. 전, 후면을 관통하는 아트리움을 통해 새로운 광장이 내려다 보이도록 일체형 루버의 커튼월로 표현. 캠퍼스 쪽 아트리움은 기하학적 캐노피입구로 강조되고 주 도로면 앞은 긴 보행자 공공광장으로 조성됨.

183 Juliana Curran Terian Design Center Pavilion

건 축 가: Hanrahan Meyers

위　　치: 200 Willoughby Avenue

준공연도: 2007

특　　징: Pratt Institute의 랜드마크로 소규모의 증축시설. 캠퍼스의 장기적인 목표가 이 쇼핑몰로 집중시키려는 계획에 따라 반영된 3층의 삽입물. 학교의 강한 이미지를 주기위한 새로운 출입구의 조성. 벽돌건물 사이에 압착된 듯 한 사각모양의 대비적 요소로 '스테인레스 스틸'의 캔틸레버를 삽입한 디자인.

184 Pratt Institute Higgins Hall

건 축 가: Steven Holl with Rogers Marvel Architects

위 치: 61St. James Place near Lafayette Avenue, Clinton Hill

준공연도: 2005

특 징: Pratt 건축대학의 화재 후 시행한 리모델링 작품. 남, 북쪽날개의 재건과 그 사이 유실된 중앙부에 새로이 삽입한 건축물. 파사드는 3가지 재료(투명유리, 흰색유리, 적벽돌)로 구성되며, 적층식으로 된 우유빛 유리의 수평띠는 남, 북측 어긋난 층고의 레벨차이를 극복한 경사로를 암시함. 역사보존지구에서 맥락적 측면에서 '올 글래스' 사용여부의 어려움이 있었으나 유리건물이 승인된 최초의 사례. 앞 광장의 포장은 화재의 잔재로 남은 벽돌들로 재구성한 특징.

Brooklyn

3. South

MAP 13

185
186
187
188
189
190
191
192
193
194
195
DeKalb Av
Nevins St
네빈스 스트리트
DeKalb Ave
Fulton St
풀턴 스트리트
라파예트 애비뉴
Lafayette Av
Atlantic Terminal
Atlantic Av - Barclays Ctr
Clinton-Washington Avenues
Fulton St
Bergen St
베르겐 스트리트
Atlantic Ave
Gates Ave
Clinton-Washington Avs
Vanderbilt Ave
Lincoln Pl
7 Av
Grand Army Plaza
그랑 아미 플라자
Eastern Parkway-Brooklyn Museum
Lincoln Pl
Park Place
Flatbush
Bedford Ave
Botanic Ga

185 Polonsky Shakespeare Center

건 축 가: H3 Collaboration Architecture

위 치: 262 Ashland Place

준공연도: 2013

특 징: 세익스피어 희곡을 공연하는 299석 규모의 주간극장. 측면 회색 메탈패널의 안쪽은 스튜디오와 보조공간들이 있는 암실을 예시함. '켄 스미스 웍샵'이 디자인한 전면광장과 함께 건물의 전면은 상부 지붕 속에 숨어있는 대형 빔에 매달린 커튼월로 구성. 입구 위 2층 로비의 캔틸레버 디자인이 독창적.

186 Caesura

건 축 가: Dattner Architects and Bernheimer Architecture

위 치: 280 Ashland Place

준공연도: 2018

특 징: 총 123유닛의 공동주택으로 평생 고정임대료를 내도록 한 49개 유닛과 지역 소설가 협회 및 '마크모리스 댄스쎈터'를 위한 공간을 제공함. 12층의 건물은 매스처리와 재료를 통해 구분되는데 하나는 6개 층의 코너쪽 셋백으로 또 하나는 테라코타 레인스크린 패널 및 정상부분의 벽돌로 구성된 외장재.

187 BAM South

건 축 가: Enrique Norten of Ten Arquitectos

위 치: 300 Ashland Place near Flatbush Avenue, Fort Greene

준공연도: 2016

특 징: 397세대의 임대형 주상복합 빌딩. 엇갈린 창문배치, 2가지의 회색톤 배색, 삼각모양의 V자형 컷은 타워의 형태를 주도함. 35층 높이에 계단형의 오픈 스페이스가 있으며 1층 전면의 계단형 광장과 주도로를 따라 뻗은 넓은 메탈벽면 및 유리장벽은 가장 강력한 존재감을 부여함. 저층부는 예술 공연단체, 브루클린 음악아카데미, 영화관, 공공도서관등 공공시설이 입주.

188 Barclays Center

건 축 가: SHoP Architects with Ellerbe Becket
위 치: 620 Atlantic Avenue, Fort Greene
준공연도: 2012
특 징: 19,000명 수용의 실내경기장(NBA브루클린-넷츠, NHL뉴욕-아일랜드 홈구장) 영국은행인 '바클레이스'가 '넷츠'에 20년간 4억달러 후원. 녹슨 풍화강철로 덮인 유체형태는 고래를 연상하며, 주변건물들과 어울리는 브라운스톤 계열의 색상적용. '파라메트릭'기술을 도입한 설계, 제작, 조립한 결과물로 다층적, 다공성을 지닌 파사드는 다양한 모양의 강철 패널들의 조합으로 구성됨.

189 461 Dean Street

건 축 가: SHOP Architects

위 치: 461 Dean Street

준공연도: 2017

특 징: '바클레이스' 체육관 뒤편 1,500세대 주거개발 3개동 중 하나(B-2)로 32층 규모. 세계에서 가장 높은 '모듈러' 건축물로 930개의 모듈이 14개월에 걸쳐 완성됨. 외장재의 셋백과 색상구성은 3개의 건물을 함께 묶어 논듯 한 느낌.

190 Pacific Street Condominiums

건 축 가: Loadingdock 5

위 치: 904-925-935-957 Pacific Street

준공연도: 2007-2008

특 징: '신도시공동체'라는 개념 하에 개발된 4개동의 주거. 계단과 테라스를 독특하게 활용한 디자인으로 거주자들의 상호교류 향상에 역점을 둠. 엄격한 독일의 '패시브하우스' 녹색기준에 따른 설계. 925, 935는 셋백 된 테라스, 포털입구,확장된 유리, 발코니의 목재가드레일 등이 주요특징이고 957은 테라스하우스로 1층의 대형 수평 회색루버는 외부계단과 엘리베이터를 차폐하는 기능.

191 On Prospect Park

건 축 가: Richard Meier & Partners Architects

위 치: 1 Grand Army Plaza, at Eastern Parkway

준공연도: 2009

특 징: 'R.마이어' 설계의 '올-글래스' 15층 콘도미니엄. 주변 환경과의 맥락적 논란속에서 투명한 유리커튼월을 도입하고 슬라브의 모습을 흰색 수평박스로 은폐시킴. 돌출된 발코니의 가드레일은 동일한 '스팬드럴' 유리면으로 장식됨.

192 Brooklyn Museum Entry Pavilion and Plaza

건 축 가: Polshek Partnership

위 치: 200 Eastern Parkway, Prospect Heights

준공연도: 2004

특 징: 1897년 '맥킴, 미드& 화이트'가 디자인한 '보자르풍' 브루클린미술관 전면의 리모델링으로 강철과 유리로 제작된 반원형의 첨단형 파빌리온. 옛 웅장한 높이의 진입계단을 철거하고 어색했던 전면부를 재구성하여 현대적인 입구로 재탄생. 계단을 올라 반구형 상부에 산책로조성, 입구 앞의 광장과 잔디 벤치, 스탠드형 좌석, 디지털식 분수 등을 제공하여 개방적이고 전향적시도.

193 Brooklyn Botanic Garden Visitor Center

건 축 가: Marion Weiss and Michael Manfredi of Weiss/Manfredi

위　　치: 990 Washington Avenue, Crown Heights

준공연도: 2012

특　　징: 식물원의 '파빌리온' 리모델링으로 진입부의 방문자 쎈터 및 정원을 조성한 새로운 입구의 디자인. 식물원과 조화되며 상통하는 건축구조물의 경관처리로 2개의 구불구불한 파빌리온을 형성함. 쎈터건물의 뱀모양 곡선형태는 조경처리된 지붕, 테라스, 곡선 유리벽의 처리로 마감됨.

194 Medgar Evers College (School of Science, Health& Technology)

건 축 가: Enneed Architects w/ Roberta Washinton Architects

위　　치: 1632 Bedford Avenue, at Crown Street

준공연도: 2010

특　　징: 뉴욕시립대학 23개 중 하나로 '브루클린'흑인들을 위해 설립된 '메가에버스' 대학의 과학, 건강, 기술대학관 동. 긴 면의 커튼월로 구성된 모서리의 파빌리온은 입구를 강조하는 동시에 뒤편의 유리와 벽돌로 구성된 5층 건물의 얼굴을 부각. 남쪽을 향한 5층 커튼월의 차양시설은 시각적 흥미를 유도.

195 Brooklyn Children's Museum

건 축 가: Rafael Vinoly of Vinoly Architects
위 치: 145 Brooklyn Avenue, Crown Heights
준공연도: 2008
특 징: 어린이를 위한 뮤지엄답게 잠수함 형태의 조형물에 노랑, 빨강, 녹색, 회색 등 원색적인 색상을 도입한 파격적인 디자인. 노란색 세라믹타일과 불규칙하게 오픈된 구멍창 등으로 장식된 건물은 평범한 주택가에 초대형 블록으로 자리 잡으며 동네의 활력소가 됨. L자형 기본 평면에 옥상테라스, 야외극장, 지붕 위에 설치된 반투명 '하이테크 파빌리온' 등의 시설이 포함된 특징.

300 ASHLAND PREMIER RENTALS

Queens

Queens

196	Hunter's Point South Waterfront Park
197	Gantry Plaza State Park
198	Hunters Point Community Library
199	MOMA PS1
200	2222 Jackson Avenue
201	Frank Sinatra School of The Arts Highschool
202	Museum of The Moving Image
203	Korean Presbyterian Church
204	Newyork Hall of Science
205	Queens Museum
206	Queens Theater in the Park
207	Flushing Meadows Corona Park Pool & Link
208	Kew Gardens Hills Library
209	Highschool for Engineering & Architecture

MAP 14

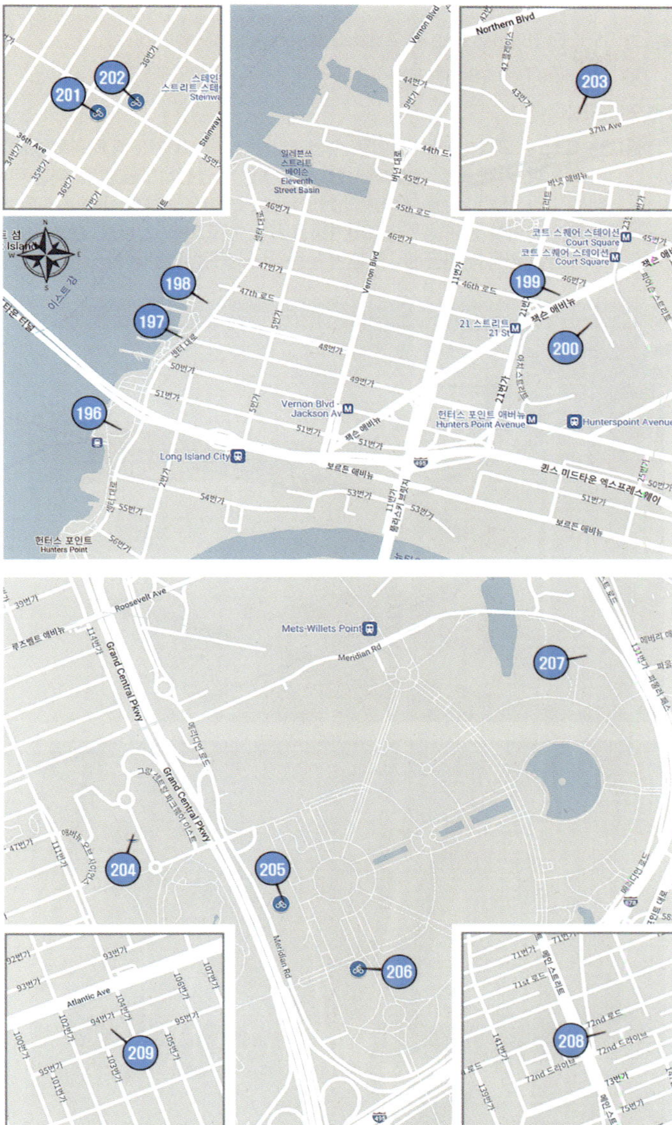
201
202
스테인웨이 스트리트
Steinway
36th Ave
Northern Blvd
203
37th Ave
일레븐쓰 스트리트 베이슨
Eleventh Street Basin
Vernon Blvd
코트 스퀘어 스테이션
Court Square
198
197
199
200
21 스트리트
21 St
Vernon Blvd - Jackson Av
헌터스 포인트 애비뉴
Hunters Point Avenue
Hunterspoint Avenue
196
Long Island City
퀸스 미드타운 익스프레스웨이
헌터스 포인트
Hunters Point
Roosevelt Ave
Mets-Willets Point
Meridian Rd
Grand Central Pkwy
207
204
205
206
Meridian Rd
Atlantic Ave
209
208

196 Hunter's Point South Waterfront Park

건 축 가: ARUP, Thomas Balsley Associates & Weiss/ Manfredi

위 치: Hunters Point South Park

준공연도: 2013

특 징: 총 12ha 규모의 '헌터스 포인트' 수변개발 중 남쪽 4ha부분의 계획으로 파빌리온 캐노피, 카페, 화장실, 모래사장, 운동장 등의 공원시설을 갖춤. 대형 타원형태를 따라 구성된 주름형 덮개의 캐노피는 기울어진 기둥에 의해 지지되며, 카페의 천정역할과 태양광 인프라기능을 하는 '랜드마크'로 부상. 환경적인 고려로 조성된 침투형 인공잔디의 원형 운동장이 그 중심역할을 함.

197 Gantry Plaza State Park

건 축 가: Thomas Balsley Associates
위 치: 4-09 47th Road
준공연도: 2000
특 징: 역사적 유물인 산업용 철구조물 '갠트리(문형탑)'를 중심으로 조성된 공원으로 4개의 철교각, 정원과 부두, 광장, 잔디밭 등으로 구성. '롱아일랜드' 싸인이 걸린 2개의 '갠트리'와 '스테인레스 스틸' 테이블이 상징인 부두는 주민과 관광객을 불러들임. 정원 내 자갈길과 화강석 바닥 사이에 놓인 옛 철길의 보존 등으로 과거를 연상케 하며 롱아일랜드 시티의 공공을 위한 랜드마크.

198 Hunters Point Community Library

건 축 가: Steven Holl Architects

위 치: 47 Center Blvd., Long Island City

준공연도: 2019

특 징: '갠트리'주립공원 내에 독립 조형물로 건립된 수직적 구성의 '퀸즈 공공도서관'. 건물 내부의 기능에 따라 구분되어 표현되는 조형적 창문모양이 특징(검색경로, 계단, 플랫폼으로 이어지는 프로그램의 유기적 흐름). 강이 보이는 동쪽(성인, 청소년, 어린이 열람실)에 가장 많은 3개의 창이 형성되고 반사를 위해 알루미늄 페인트로 도장한 외벽이 옥의 티. 건물 앞 '테이퍼'형 독서용 정원은 은행나무 그늘과 함께 고요한 외부 공간을 제공함.

199 MOMA PS1

건 축 가: Frederick Fisher

위 치: 22-25 Jackson Avenue at 46th Avenue

준공연도: 2000

특 징: 버려진 공간 및 활용도가 떨어지는 공간들을 전시공간으로 재생한 작품. 옛 공립학교시설을 활용하고 추가 전시공간 확보를 위해 마당에 콘크리이트 벽을 설치해 전시공간을 조성. 매년 젊은 건축가들을 초청해 전시행사를 진행.

200 2222 Jackson Avenue

건 축 가: ODA (Office of Design & Architecture)

위　　치: 2222 Jackson Avenue, Long Island City

준공연도: 2015

특　　징: 11층, 175세대의 소형 임대아파트. 3.7m 구조그리드를 기반으로 픽셀화 된 모듈식 유닛들을 계산적으로 쌓아올린 형태. 기본 3가지 유닛 (1-베이, 2-베이 원룸과 3-베이 2베드룸)의 조합과 요철을 활용한 기법은 여러 코너에서 창문과 테라스를 형성하며 보다 많은 면적의 테라스를 확보함.

201 Frank Sinatra School of The Arts Highschool

건 축 가: Ennead Architects

위 치: 35-12 35th Avenue, at 36th Street

준공연도: 2009

특 징: 미술, 무용, 드라마, 영화, 기악, 성악의 6개 전공을 지닌 예술고등학교. 5층 (연면적 13,940㎡)으로 커튼월 모서리부분에 교차로로 향한 돌출형 간판 자체가 유리벽에 더하여 예술작품 같은 전시적인 효과. 리본형 창문, 회색벽돌, 테라코타, 반투명 단열패널, 골판형 금속사이딩 등의 실용적인 외장재 사용.

202 Museum of The Moving Image

건 축 가: Leeser Architecture

위 치: 35th Avenue at 37th Street

준공연도: 2011

특 징: 동영상의 다양한 미디어를 포함한 역사유물, 전시, 상영, 회의 등을 위한 뮤지엄으로 전면에서는 인지하지 못하는 후면부분의 증축. 전면은 격자창과 작은 캐노피 등 최소한의 리모델링으로 기존의 역사적 랜드마크를 유지하지만 내부의 현대적 감각의 인테리어는 반전의 극적 연출을 제공. 1,000개 이상의 하늘색 삼각형 알루미늄 패널로 마감된 후면의 증축 부분이 특징.

203 Korean Presbyterian Church

건 축 가: Douglas Garofalo, Glreg Lynn, Michael McInturf

위 치: 43-23 37th Avenue, Sunnyside

준공연도: 1999

특 징: 2,500명 수용의 예배당과 다양한 부대시설을 갖춘 한인 장로교회. 에니매이션 기법을 적용한 설계로 2,000년대 초기에 '파라메트릭' 모델링과 컴퓨터 프로그래밍을 효과적으로 활용한 실험적 설계사례. 모든 구조요소와 연결부가 다르고 독특한 부품들로 이루어진 복합체의 '하이브리드' 디자인. 1930년 대 세탁공장 위 증축한 프로젝트로 교회 뒤편의 계단을 덮고 있는 특이한 주름 형태의 금속 커버 지붕은 당시에 시도한 진보적인 건축 디자인의 사례.

204 Newyork Hall of Science

건 축 가: Ennead Architects
위 치: 47-01 111th Street, at 49th Avenue
준공연도: 2004
특 징: 기존 옛 박물관에 새로운 출입구, 강당, 레스토랑 등을 증축함. 1층 상부에 떠 있듯이 형성된 수평 날개모습 끝부분의 반투명 경사 채광창이 특징. 건물 남쪽 수풀사이에 조성된 2,790㎡의 어린이 공원도 증축된 부분임.

205 Queens Museum

건 축 가: Rafael Vinoly
위 치: Flushing Meadows Corona Park
준공연도: 2013
특 징: 1939년 뉴욕 세계박람회에서 뉴욕시 '파빌리온'이었으며 역사적으로 다양한 국제행사가 이루어졌던 건물의 리모델링 작품. 현대미술의 국제적 맥락속에서 주변 주 거주자인 아시안들의 영향으로 아시아 현대미술을 주로 전시함. 입구 부분의 수직형 유리패널의 나열은 과거와 현대 건축의 대비적 요소.

206 Queens Theater in the Park

건 축 가: Sara Caples and Everardo Jefferson Architects

위　　치: 14 United Nations Avenue South, Flushing Meadows Corona Park

준공연도: 2010

특　　징: 1965년 세계박람회 건물 중 가장 인상적인 파빌리온을 리모델링한 건축물. 타원형 노천극장, 전망탑, 저층 드럼건축물 등 초기에 구성된 극장의 동쪽에 280㎡의 로비 및 파티룸을 추가 증축함. 나선형 모티브의 원형을 잘 유지하며 신, 구간의 건축요소와 형태를 부합시킴. (원형 볼륨, 기둥, 장력활용 지붕 등의 요소). 입구로부터 360도 이동하면서 전망탑까지의 상승효과를 반영하며 원형을 강조한 동시에 건축물과 주변공원과의 유기적인 나선형 연결.

207 Flushing Meadows Corona Park Pool & Link

건 축 가: Handel Architects

위 치: Flushing Meadow Corona Park

준공연도: 2008

특 징: 2012년 올림픽유치를 위해 건설된 뉴욕시 공원 중 가장 큰 레크레이션 건축물. 국제규격의 수영장, 아이스하키장과 관중석 보유. 다리를 연상케 하는 2개의 케이블 마스터 기둥에 의해 지붕을 매달은 구조. P.C콘크리이트의 회색벽 주변을 밝게해주는 불규칙적인 노랑, 녹색, 파랑의 줄무늬 패턴이 특징.

208 Kew Gardens Hills Library

건 축 가: Amale Anderson and Dan Wood of WORKac
위 치: 72-23 Vleigh Place, Kew Gardens Hills
준공연도: 2017
특 징: 형태상 거리위에 펼쳐진 책을 연상케 하는 지역도서관으로 성인, 청소년, 어린이 열람실과 직원공간이 모두 소통되는 개방공간으로 구성. 녹색으로 덮인 지붕이 랜드마크로 외벽과 지붕은 유리섬유 강화콘크리트(GFRC)로 제작되고 삼각형모양의 넓은 유리창과 북마크처럼 접힌 입구의 모양이 특징.

209 Highschool for Engineering & Architecture

건 축 가: Arquitectonica with STV, Inc.

위 치: 94-06 104th Street, at 95th Avenue

준공연도: 2006

특 징: '퀸즈'시의 최초이자 유일한 학교로 건설, 무역, 공학 및 건축분야의 전문가 양성을 위한 실습학교. 3가지 교육과정의 기능을 표현하는 수법으로 매스, 재료, 컬러를 반영한 컨셉. 북쪽의 장식 없는 붉은 벽돌, 몰탈과 개구부가 주된 요소인 서쪽매스와 골판지형 금속사이딩, PC콘크리트벽, 유리블록 등의 다양한 재료사용. 입구 위 돌출 창은 노란색 세라믹판넬로 장식되어 강조됨.

Bronx

Bronx

MAP 15

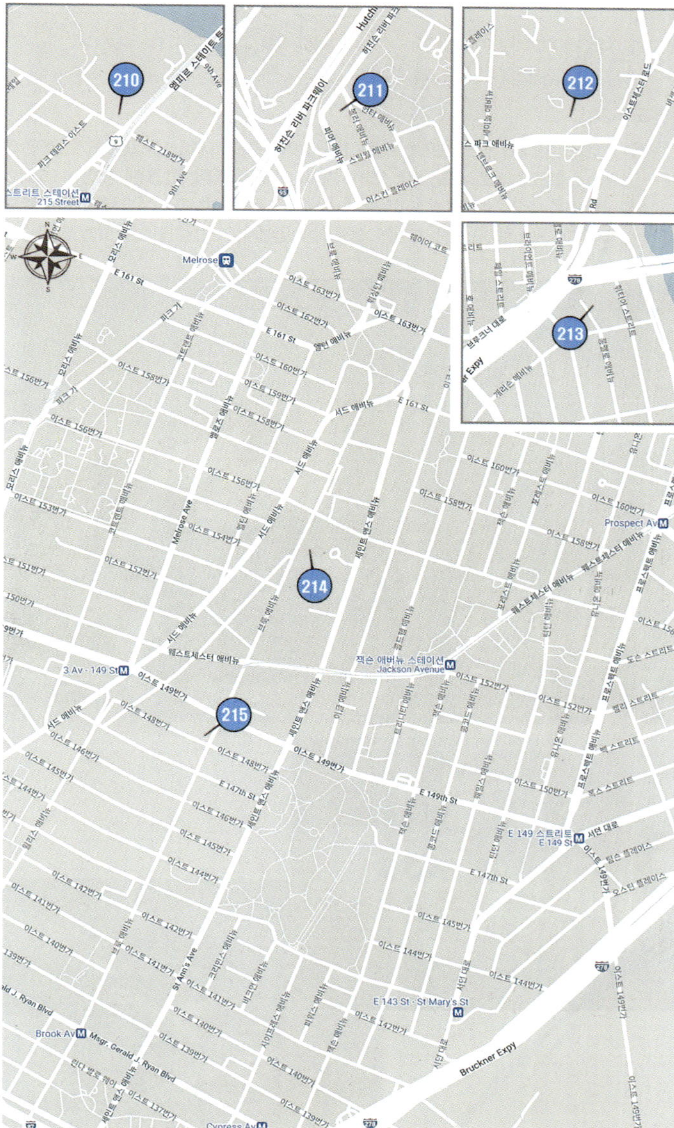
210
211
212
213
214
215
215 Street
9th Ave
Hutch
Rd
Melrose
E 161 St
Melrose Ave
Prospect Av
Jackson Avenue
3 Av · 149 St
E 149th St
E 147th St
E 149 St
E 147th St
St Ann's Ave
E 143 St - St Mary's St
Brook Av
Msgr. Gerald J. Ryan Blvd
Cypress Av
Bruckner Expy
이스트 163번가
이스트 162번가
이스트 160번가
이스트 159번가
이스트 158번가
이스트 156번가
이스트 154번가
이스트 152번가
이스트 149번가
이스트 148번가
이스트 146번가
이스트 145번가
이스트 144번가
이스트 142번가
이스트 141번가
이스트 140번가
이스트 139번가
이스트 137번가
웨스트체스터 애비뉴
잭슨 애비뉴 스테이션
서드 애비뉴
세인트 앤스 애비뉴
E 149 스트리트
브루크너 대로

210 Campbell Sports Center

건 축 가: Steven Holl Architects
위 치: 533 West 218th Street
준공연도: 2013
특 징: 컬럼비아대학 실외스포츠 프로그램 (야구, 축구, 테니스, 육상)을 위한 관리 본부. 5층으로 피트니스공간, 코치사무실, 스터디쎈터, 접견실, 극장식 회의실 등을 보유. 기둥, 외부테라스, 계단, 난간, 파라펫, 반사형 금속패널 외장재료 등 다양한 요소로 구성된 형태는 스포츠의 역동적이며 강한 이미지를 반영.

211 United Methodist Chuch of Co-Op City

건 축 가: Gluckman Mayner Architects

위 치: 2350 Palmer Avenue, at Hutchinson River Parkway

준공연도: 2005

특 징: 브롱스 'Co-op'시티 개발지구 내 연합감리교회. 870㎡의 작은 L자 모양에 보호소, 어린이 예배당, 회의실, 교실, 부엌, 사무실 등을 포함. 건물하부에 주차장을 보유하며 단순하고 실용적 디자인으로 넓은 면의 채광창 확보와 저예산 교회의 첨탑답게 심플하게 조형된 삼각형태의 철골조 십자가가 특징.

212 Price Center / Block Pavilion

건 축 가: Payette

위 치: 1301 Morris Park Avenue, at Eastchester Avenue

준공연도: 2008

특 징: '예시바'대학 '아인슈타인' 의과대학의 유전학 연구, 실험동 건물. 5층, 연면적 20,720㎡의 규모로 유전의학을 위한 실험실과 연구시설, 공용공간을 포함하며 'ㄱ'자형 평면형태로 구성. 습식실험실은 연통형태의 천공창, 건식실험실은 녹색과 파란색 줄무늬의 창문으로 표현됨. 커튼월사이의 주 입구는 남쪽 캠퍼스로 통하는 입구와 축을 이루고 그 후면의 수직형 내부계단이 특징.

213 Bronx Charter School for The Art

건 축 가: WXY Architecture + Urban Design

위 치: 950 Longfellow Avenue, at Garrison Avenue

준공연도: 2003

특 징: 다수의 산업시설과 교도소 등이 있는 최대 빈곤지인 '남브롱스'의 교육시설. 소시지공장, 창고 및 모피공장의 리모델링으로 K-6학제의 예술교육시설로 변모. 화려한 컬러의 유색벽돌 줄무늬의 추상적인 면처리와 과거 하역장의 대형입구를 재구성함. 옛 어두운 내부에 6개 천창을 추가해 밝은 교실 제공.

214 Via Verde

건 축 가: Grimshaw with Dattner Architects

위 치: 700 Brook Avenue, Melrose, South Bronx

준공연도: 2012

특 징: 뉴욕 '뉴하우징' 공모전 입상작으로 저가부터 중산층을 위한 임대까지 가능한 222세대의 주상복합 아파트단지. 중앙의 커뮤니티 텃밭을 중심으로 부지 끝 북쪽의 20층부터 6~13층의 중층블록, 남측에 2~4층 연립주택까지 3가지 유형의 변화로 배치. 1층 마당부터 위쪽으로 나선을 그리며 뱀 모양의 산책로 및 농사 가능한 옥상의 그린테라스와 함께 도시 속 새로운 정원개념 제시.

215 The Brook

건 축 가: Alexander Gorin Architecture
위 치: 455 East 148th Street, at Brook Avenue
준공연도: 2010
특 징: 옛 닭싸움 장소의 재개발로 저소득 노동자와 노숙자를 위한 6층의 아파트. 대규모 행사공간, 공공용 뒷마당, 옥상 녹화정원, 레크레이션 공간을 보우. 'L'자형 양 날개의 벽돌면 매스사이 금속패널의 모서리가 강조. 2가지 회색 톤 구성에 과감히 큰 테라스를 오픈하고 그 내면에 빨간색을 도입한 디자인.

Index

A

B

C

D

E

F

G

H

I

J

K

L

M

N

O

P

Q

R

S

T

U

V

W

Z

번호

참고 문헌

1. NYC Walks (Guide to New Architecture), John Hill, Prestel Publishing, 2019
2. Architectural Guide-New York, Vladimir Belogolovsky, DOM Publishers, 2019
3. Guide to Contemporary New York City Architecture, John Hill, W. W. Norton &Company, 2011
4. A Guide to New York, Noval White, Oxford University Press, 2010
5. Blue Guide New York, Carol V. Wright, New York Times, 2016
6. New Architecture New York, Pavel Bendov, Prestel Publishing, 2017
7. Walking Broadway, William J. Hennessey, The Monacelli Press, 2020
8. New York 2000, Robert A. M. Stern, The Monacelli Press, 2006
9. Lonely Planet New York City, Lonely Planet, 2022
10. StreetSmart? NYC Map Midtown Edition, Van Dam, Van Dam Inc, 2022

저자 소개

엄 상 권

· 한양대학교 건축공학과 공학사

· University of Michigan 건축학석사

· 성균관대학교 건축학과 건축학박사

· 미국 U.C.L.A. 건축학과 객원교수

· 현) 원주 한라대학교 건축학과 교수

실무경력

· 미국 Minoru Yamasaki & Associates 건축디자이너

· (주) 우일종합건축사사무소 설계팀장

· (주) 시상종합건축사사무소 설계실장

· 건축사사무소 인터시티 (구KUP) 소장

NYC 현대건축 가이드북

초판인쇄 | 2023년 6월 20일

초판발행 | 2023년 6월 30일

저　　자 | 엄상권

발 행 인 | 이성범

발 행 처 | 문운당

주　　소 | 서울시 종로구 혜화로5길 16(명륜1가 45-3)

전　　화 | (02)762-6010

팩　　스 | 영업 (02)745-0265 / 편집 02)762-8758

이 메 일 | 영업 munun2@chol.com

편집 munundang@naver.com

홈페이지 | http://munundang.co.kr

ISBN 979-11-5692-668-9 93540

정가 25,000원